U0381626

香辣吃喝

西坡 · 著

序

“吃香喝辣”这四个字，从古至今，都不能让人看着舒服，好像弥漫着一股颓废和奢靡之气。杜工部说“朱门酒肉臭”，接下来一句当然是“路有冻死骨”了。对仗嘛。那么，“吃香喝辣”呢？对应的，或者“含辛茹苦”，或者“饮冰茹檗”。反正，无论怎么解释，不是正能量。

真是这样吗？

我们四川、贵州、云南等地的同胞，难道不是天天在吃香的、喝辣的？辣椒、花椒以及各种香料，是当地老百姓烹饪的基本材料。无论发达或者困顿，他们就是好这一口，经济上也承受得起。既然如此，吃香喝辣怎么就颓废和奢靡了呢？

再说江南一带的人，普遍喜欢吃甜，难道就意味着他们的生活一定是浸泡在“蜜罐”里以至幸福得乐开了花？

吃香喝辣，乃至挑精拣肥，乃是人类饮食的理想和方向之一，我们没有任何理由加以拒绝和批判；当然，我们也不应当歧视不喜欢吃香喝辣的另一部分人群。

这本小书，是关于味道的书。细分一下，味道其实是两种东西的组合：一种是食材，一种是调料。只有食材而无调料的味道是不可想象的；没有食材依托而空有调料的味道也是令人无法接受的。但是，必须提一下的是，这本小书却是偏重于对各种调料的解说和敷演。正像读者知道的那样，偏重就是大比例倒向一边，对，倒向调料的一边。

我们常说。人生五味——甜酸苦辣咸，说的是人的一生要尝到各种滋味，饮食的，或者生活的。生活道路上的“五味”，实际上是饮食上的“五味”的通感。没有对饮食上的“五味”直接感受，是无法传递出对生活道路上“五味”体验的信息的。所以，厘清饮食上的“五味”是极其重要的。

人们又说，开门七件事——柴米油盐酱醋茶。这里面也包含了好多味道，而且提到了人的基本生活诉求的高度。因此，当人们热衷于渲染某某菜肴如何如何好吃或好看时，我们是否要告诉他们，制造出“色香味形养”的那些“幕后英雄”究竟是怎样的一个江湖？这正是本书作者的一点小小的心思，也可以说是给读者的一点心意。

感谢上海教育出版社的编辑林凡凡女士和策划者陈海亮先生。没有他们的帮助，作者怎么能“吃香的”“喝辣的”？当然，读者也是如此。

西 坡

2019年8月

目录

五味之首

吃盐是生理需要，
也是味觉需要。
如果吃到一道菜，
淡而无味，
首先应当想到放盐
而不是其他调料，
这是常识。

一

按照惯常的说法，五味，即甜酸苦辣咸，甜居首。如果我说咸为五味之首呢，肯定有人跟我急；如果人不急，其他三种味道（甜、酸、辣；苦，不算，因为实在不待人见，恐怕只能起起哄，不在竞争行列）也不会服帖。是的，这个世界上，喜欢吃甜的、吃酸的、吃辣的，比喜欢吃咸的，要多得多。不过，我要问一句：在日常生活中，有不吃甜的，有不吃酸的，有不吃辣的，可有不吃咸的？

大概没有吧！我很自信。

人之所以离不开咸，说穿了是离不开盐。

什么是咸？咸，就是盐的味道。

虽然医生再三关照不要过量摄入盐分，但他们从来也没有劝谏人们放弃食盐。人的生理构造决定了离不开盐，这在五味当中是绝无仅有的。

中国人很早就知道食盐的调味功能。被认为是中国最早的史书《尚书》里边写道："若作和羹，尔惟盐梅。"孔传："盐咸，梅醋，羹须咸醋以和之。"意思是，要做一道好吃的羹汤，必须放盐和梅（用梅做的醋）。这里没有提到甜。汉字什么时候出现"甜"字？我不很清楚。众所周知，作为调味的甜，主要来源于糖，糖则多由甘蔗或甜菜提炼，而甘蔗的原产地在新几内亚或印度，甜菜的原产地在地中海沿岸，它们传入中国，基本在明朝了，怎么能和盐搭脉？醋比盐出现的时间要晚得多，辣（辣椒）就更不谈了。五味之首，实际上也是百味之首。

我们读中国历史，有一个直观的印象，即盐好像有着异乎寻常的重要性。你看，在现代绝不起眼的盐巴，在古代,在近现代，一向由官方严格控制，实行专营专卖。《史记》中记载，平民私自制盐，被发现后受到了割掉左趾的刑罚。政府从盐中攫取了巨额利润；作为中间环节的盐商，由于享有垄断食盐运销的特权，也发了大财。从前说起富翁，一般要提两个人的名字：陶朱公和猗顿。陶朱公便是范蠡，弃官迁居山东定陶，靠经商致富，"十九年中三致千金"；原为贫寒书生的猗顿，听从范蠡的意见，千里迢迢来到山西河东，经营盐业十年，终成与他的导师陶朱公并列的豪富。

“夜桥灯火连星汉，水郭帆樯近斗牛”（李绅诗）说的正是“富庶甲天下，时人称扬一益二”（《资治通鉴》）的扬州。扬州的发达，很大程度上是盐的功劳。扬州边上的盐城，以前人们总觉得比较贫穷，可要是上溯几百年、一千年，那可是“边饷半出于兹”的好地方，从城市的名字便可知。

有人不禁要问：是不是古代中国严重缺盐？完全不是。我国海岸线漫长，从海水取盐不成问题。即使古代中国人的主要栖息和活动区域在内陆，我们井矿盐的储量也极其丰富。还有一点，很多人以为“海是盐故乡”。错！海里盐分，很大程度上是由河水裹挟着陆地上的盐巴注入海洋里的。无非是，历朝政府看中食盐是人们生产和生活必需品这一属性，设了一个关卡，巧取豪夺罢了。倘使空气和饮用水能像食盐一样“专卖”，他们照样也会“义无反顾”，信不信？

四十多年前，有一本古书非常流行，连少儿都要过一过，它就是《盐铁论》，现在年龄在五十上下的人对此应该都有记忆。汉昭帝时开了一个关于盐铁酒类是否要官营专卖的重要会议，这部书就是该次会议的记录文本。这次会议，被后世认为是中国古代历史上第一次规模较大的有关国家大政方针的辩论会。为了盐（当然只是重要议题之一）而举行“中央工作会议”，举世罕见。

这样看来，我之所以说盐为五味之首，还有个政治经济学上的考量呢。

那么，我们外面的世界对于盐的态度是不是“环球同此凉热”？可以说是，也可以说不是。一个比较明显的例子是欧陆有盐税，但人家几无“专卖”。欧洲濒海的国家众多，没盐吃似乎近于神话，但吃盐就像买包，若纯粹为收纳物品，帆布包、蛇皮袋、马甲袋，都可以，若装物兼装饰，或只是为了装饰，那就一定有所讲究。据我所知，欧洲顶级厨师和美食家对于产自法国布列塔尼盖朗德湿地的盐情有独钟。

由于地理位置和气候环境的关系，盖朗德盐的品质优异，除了各项指标优越，如含钠低，富含众多矿物质、微量元素外，制作过程中不加任何添加物，不进行精制，也不清洗。尤其是盖朗德盐当中的盐之花——满足一定条件（夏季午后四五点钟，水温达37摄氏度，盐水快速蒸发以至每升含300克盐浓度，须刮比较干燥的东风但风又不好太大等），盐水表面可能会形成像薄冰般漂浮的白色半透明的结晶，必须在入夜前被小心翼翼地捞起，其售价是普通盖朗德盐（已经大大贵于一般食盐）的十几倍。

二

吃盐是生理需要，也是味觉需要。如果吃到一道菜，淡而无味，首先应当想到放盐而不是其他调料，这是常识。菜烧得过分咸了，通常会想到多放点糖，这种简单的办法容易使人产生错觉，以为咸的反向对应是甜。不对，应该是淡。我们得到的大部分食材是淡的，鸡鸭鱼肉、参燕鲍翅、青菜豆腐、山药香菇，无一例外。要把它们做成有滋有味的菜肴，一定要有盐的参与，再根据各人的口味，调成偏甜、偏辣、偏酸，等等。不加盐，主要特征为甜、辣、酸的菜，是不可想象的。

可是，在现实生活中，咸，往往被人看低。中国成语喜欢用四个字组成，明明是“甜酸苦辣咸”五个“基本味道”，为了凑成四字的成语，咸就被“末位淘汰”了。这种轻率的动作，缺乏对“咸”乃至盐的起码尊重。

令人惊讶的是，与中国人颇有共识，西方人似乎也不把咸放在“嘴”里。美国人卡罗琳·考斯梅尔所著《味觉》一书，提到弗兰克·吉拉德的名著《人类感官》中的一个观点：味觉感官，“真正存在的只有四种味道——甜、辣、酸、苦”。卡罗琳·考斯梅尔继而写道：“试图把味道分成原始的或者基础的类别的做法自古代以来一直是这一感官研究的主要方面。甜、辣、酸、苦的范畴在古希腊人以及其他知识传统的理论家对味觉的沉思中就一直存在着。被选择来作为‘基本’味道的数目很早以前就已经被限定在几种。16世纪末，人们还承认有九种基本的味道：甜、酸、呛、辛、粗、腻、苦、淡和辣。到17世纪，里纳留斯又补充了涩、粘、臭等几种，但取消了辛和粗；阿尔切特·凡·霍尔又在原有的基础上添加了酒精味、香味、尿味和烂臭味。新近的一些研究者还考虑补充上金属味和可口的美味，但这些仍然是有争议的，四种基本的味道在大多数的讨论中仍然盛行着。”

真是奇怪，为什么“咸”就没人提到呢？即便卡罗琳·考斯梅尔承认所有的“基本味道”仍然是有争议的，她自己也没有为“咸”争取到一个席位啊！

在承认“淡”也是一种味道的语境下，“咸”居然没有地位，正常吗？

难道“咸”不是一种味道？难道“咸”是可以由其他味道合成的？

西方人在烹饪时可能很少甚至不加食盐，食者被要求在饭桌上自行调节需求，比如他们有时会拿来一根长长、粗粗的“棍子”，用双手逆转几下，此时，“棍子”下端的漏孔会撒出粗粗的盐花。这是他们同样需要“咸”的证明，虽然这个动作，比起餐馆里的中国人在充分体味菜里的咸味时，还不忘从桌上的调料缸里弄上一小勺盐放到菜肴和面食里，要克制多了。

中国国土面积广大，民族众多，口味差异很大，有的每天吃辣，有的每天吃甜，有的每天吃酸，有的每天吃咸，但毫无例外的是每天都要和盐打交道。作为菜，纯粹的甜、纯粹的辣、纯粹的酸，是没有的，然而纯粹的咸，却非常多。

我原先以为，浙江沿海尤其是浙东的宁绍地区吃得够咸了，想不到看到一则资料，彻底颠覆了我的观念。

2013年的10月，江西媒体报道说，“每四个江西人中就有一个患高血压”。如果不计遗传和环境因素，凭经验和常识，一般来说，他们是吃得过于咸了。

另有一份调查报告证实了这个结论可靠。《中国国家地理》刊文指出，江西人均摄入盐量列全国前三（其实是第一。该文描述：“江西、吉林和安徽在人均摄入盐量位列全国前三。”）江西省盐业公司负责人称：“每个江西人平均一年要吃7公斤的盐，每天约为20克。”

由中国科学院地质研究所1999年编绘的《全国膳食钠摄入量图》显示：口味最咸的第一梯队为江西、吉林、安徽、江苏、浙江，人均钠日摄入量超过8克；第二梯队为湖北、河南、陕西、青海、河北、山东、上海、贵州和福建，人均钠日摄入量7—8克；第三梯队为黑龙江、内蒙古、天津、四川、重庆、云南、湖南、广西，人均钠日摄入量6—7克。至于山西、广东、海南、新疆、甘肃、宁夏等省区，均属于钠摄入量较低的清淡口味地区。

可见，江西人的吃咸程度确实高。

我也领教过江西菜，他们的辣，特点为咸辣。仅此可见一斑。

以前有部电影《闪闪的红星》，其中一节，反映老百姓冒着生命危险，冲破国民党军队层层封锁，巧妙地给缺盐的江西红军送盐，被视为壮举。电影重在讲故事，不过，当年红军缺盐恐怕是真的，但并不意味着江西缺盐。江西是富盐的（江西现在已是中国的产盐大省），可能当时未被发现。如果运气佳，红军在脚下可以挖出一两个盐矿来，那就没有潘冬子送盐这档子事了。从另一角度看，江西人吃得那么咸，已成习惯，没有扎实的物质基础（富盐）是不行的。当然，还有一种情况也会发生，因为贫困，咸一点的菜肴可以更下饭。

三

有意思的是，《中国居民营养与健康状况调查报告之二——2002膳食与营养素摄入状况》（人民卫生出版社）提到人均每天吃盐最少的城市："口味最淡的是各地的大城市，北京、上海、天津、重庆、哈尔滨、沈阳、大连、济南、青岛、宁波、南京、广州、深圳、郑州、成都、西安、武汉和厦门，10.0克……"

10.0克就算"口味最淡"，能说明什么呢？中国人口味普遍偏咸（医学权威告诫，每人每天吃盐最好控制在5克）！

中国人对咸最为敏感。一道菜，很甜，或很辣，或很酸，食客往往不太计较，以为这道菜大概就应该烧成如此，甚至认为自己的味觉不行；碰到咸，态度马上两样，急着对服务生讲："叫你们老板来，菜烧得那么咸，想咸死我们啊！"或："菜烧得那么淡（不咸），你们的大菜师傅会烧菜吗！"

事实上，中国人在吃咸上是久经考验的，别的不说，光酱菜的品种之多，可谓世界之最。因为中国人早餐喜欢粥、泡饭、面条、煎饼、包子……哪样都要咸点的佐餐小菜打发。而西方人吃面包，嵌奶酪、抹黄油、蘸果酱……相对偏淡了。

再看中国人的零食，五花八门，令人无从下手，仔细研究，极大部分都是盐渍的，个别虽然标榜“甜”“酸”“辣”，还是离不了盐，比如盐津啦，话梅啦，奶油啦，等等；至于炒货，更是无所不用其极。

中国的烹调有一条金科玉律，那就是：“若要甜，放点盐。”你怎么能想到，甜和盐，居然还有这样的依存关系。

腌和腊的食品，是我们吃中华料理时无法忽视的两种重要内容，想想，腌和腊，怎么能拒绝盐、拒绝咸？我们吃得越多，口味被训练得越咸，甚至遗传到下一代。

对盐，台湾美食家叶怡兰在《极致之味》一书里写道：“有的在舌面上温和地徐徐绽放；有的气味深重，但在猛烈一击后余韵轻盈地向上飞升；有的细微如烟般瞬间融化无踪；有的在轻咬下呈现酥松清脆的独特质地；有的坚硬强悍个性十足……”我从来没有看见过对盐如此深情和富有诗意的文字，如果不是作者遍尝世界上的经典盐款，被那些看似寻常实则高贵的盐巴打动，是无法做到一气呵成、酣畅淋漓的。

我不知道叶女士怎么吃盐的，因为按照中国的传统饮食习惯，我们无法获得那种精致细腻的感觉，我们的盐都融化在了菜肴里。老子曰："大白若辱，大方无隅，大器晚成，大音希声，大象无形。"碰到盐又该怎么理论？钱锺书说："理之在诗，如水中盐，蜜中花，体匿性存，无痕有味。"对，无痕有味。这个"无痕"，暗示食客还真不知道厨师放了多少盐，只能凭个人感觉。

据我所知，欧洲的很多大厨都不建议把类似盖朗德的盐之花用于烹饪，比较恰当的做法是在起锅和摆盘时加入，比如把盐撒在刚刚煎好的牛排和刚刚端出的蔬菜上面。

中国人视咸为享受的机会确实不多，煲好一大锅鸡汤，放点盐，使鸡汤更为可口，通俗的叫法是"把鸡的鲜味吊出来"，盐在这里的作用，大抵如此。

但我们是有机会的，关键是用不用心。

盐焗是将加工腌渍入味的原料用纱纸包裹，埋入烤红的晶体粗盐之中，利用盐的导热特性，对原料进行加热成菜的技法。据说，盐焗鸡是几百年前广东惠州一带盐工发明的。起初他们只是把熟鸡用桑皮纸包裹放在盐堆内贮藏。出人意料，经盐"熏陶"过的鸡肉，有一种盐香味道，非常好吃。以后就逐渐演化成"盐焗"的方式。

吃盐焗鸡，就是为了吃出盐花的那种特殊香味。

由盐焗鸡的方法推而广之，什么盐焗虾、盐焗猪手、盐焗腰果、盐焗薯条等纷纷登场，形成了排得上号且不失时髦的烹饪做派。

盐焗的出现，并没有使江南一带流行已久的“盐水”腌货式微。人们喜欢吃盐水鸭的一个重要原因还是和盐有关。经过盐水恰当腌渍，肉质变得紧致而滋味醇厚。好的盐水鸭自有一套加工工艺，口令为“熟盐搓，老卤复，吹得干，煮得足”。其中“老卤复”一环最有看头：复，指经过头道用炒过的盐搓揉之后，再用老卤浸润渗透的过程。老卤是经反复“复卤”后所产生的卤汁（它和由海水或盐湖水制盐后残留于盐池内的母液，即卤，好像不是一回事），经煮制而成。（新卤即用炒盐加香辛料煮制而成。）复卤次数越多，鸭上的可溶性物质就会越多地溶解在卤汁中，鸭肉因此鲜美。没有盐，就不可能产生老卤，没有老卤，当然也出产不了令人垂涎的盐水鸭，它是有关盐的品质在烹饪中的作用最直接的证明，虽然这样的例子在中华料理里面并不是很多。

椒盐的出现，加重了盐作为调味料的分量。将花椒粒与盐混在一起，用小中火炒约一两分钟，至椒盐混合体的香气溢出即可。也有将花椒炸酥，碾碎成粉，掺在细盐之中做成椒盐的。椒盐系列可以蔚成大观，以椒盐排条最有名，其他如椒盐薯条、椒盐鱿鱼圈之类，是快餐和简餐经常出现的搭档。

《圣经·马太福音》里说：“你们是世上的盐。盐若失了味，怎能叫它再咸呢？以后无用，不过丢在外面，被人践踏了。你们是世上的光。城造在山上，是不能隐藏的。人点灯，不放在斗底下，是放在灯台上，就照亮一家的人。”著名学者王元化回忆说，小时候一位牧师曾经对他说，“你要做世上的盐”比“你要做世上的光”更好，因为光还为自己留下了行迹，而盐却将自己消融到人们的幸福中去了。

盐很普通，却很高尚。

甜蜜蜜

糖和人，
关系紧密，
超过了其他休闲类食品。
如果我们需要安慰一个
受了委屈的孩子，
说再多甜言蜜语，
也不及给他一颗糖。

一

“甜蜜蜜，你笑得甜蜜蜜，好像花儿开在春风里，开在春风里。在哪里，在哪里见过你，你的笑容这样熟悉，我一时想不起。啊——在梦里。梦里梦里见过你，甜蜜笑得多甜蜜。是你——是你——梦见的就是你……”这是当年老牌歌星邓丽君的代表歌曲《甜蜜蜜》里的句子。真没想到，人们在唱的时候感到流畅、美好、欢快以及与曲调贴合无隙（注意：《甜蜜蜜》的歌词系庄奴根据印尼民歌重新填写）的歌词，写下来竟是如此的直白、平淡，毫无诗意。

究竟是什么东西，让这样一首“破歌”搞出人见人爱那么的大动静？

我琢磨了一下，发现其中确实有它的魅力所在——

把人的不同感觉系统全部调动起来并打通、糅合在了一起，借联想引起感觉转移，以感觉写感觉，达到了文学创作的最高境界。这难道就是所谓的“通感”？钱锺书解释“通感”时说：“在日常经验里，视觉、听觉、触觉、嗅觉、味觉往往可以彼此打通或交通，眼、耳、舌、鼻、身各个官能的领域可以不分界限。颜色似乎会有温度，声音似乎会有形象，冷暖似乎会有重量，气味似乎会有体质，诸如此类。”《甜蜜蜜》这首歌，让人把多种感觉统一到一个“甜”字，倒也是本事。

一个作家的文字功夫高超与否，很大程度要看他能否把通感运用得恰到好处。这样看来，《甜蜜蜜》的歌词写得虽然不那么“高大上”，至少“功夫”还是有一点的。

五味（甜酸苦辣咸）往往都是通感常用的对象，比如穷酸、苦恼、火辣、咸湿等，其中甜最容易“被通感”。我不知道这是出于心理还是生理的反应，仅就五味给予人的刺激（通感）而言，甜，毫无悬念地能够拿到冠军，诸如“笑得真甜”“睡得真甜”“声音真甜”“字写得甜腻”“心里甜滋滋的”“给他一点甜头（好处）”等，堪称无远弗届。可见，人从本质上都是希望“甜”的事情发生。

世界上的事情，可能有难有易，却无所谓“甜”或“苦”的，但它们往往被冠以“苦事”“（甜）美事”。

我们这里所说的“甜”或“苦”，实际上只是一种感受、一种比喻，所以“甜”是归在了形容词里头的。

我不知道英语国家里，sweet有多少个义项，似乎除了众所周知的“甜”之外，还有愉快、漂亮、美好、悦耳、可爱、亲切、温柔、芳香、新鲜、轻便……这一点和中文的“甜”很相像。中文和英文惊人的统一，难道这就是所谓的“暗合”？我不认为如此。只能说，人类的风俗、习惯和受教育的方法、程度有所不同，但对事物的感受有时极为一致，产生的联想也非常接近。而根据科学家的研究，甜的东西可以激发人美好、幸福的感觉。我想，它很好解释了中外关于“甜”有不约而同的体验的缘由。

甜，从文字学的角度来看，由两个部首组成，即舌和甘。舌可以引申为吃，甘是什么呢?《说文解字》:“甘，美也。从口含一。一，道也。”又，“甛（即古体甜字），美也，从甘、舌。舌知甘者”。从甘和甜的字源分析，显示出它们有个交叉点——美。因此，美的东西，能够用“甜”和“甘”来统领，是不会出人意料之外的。

可是，如果有人要问：甜是怎样的一种味道呢?除非你能用化学分子式来描述，否则最简单而直接的办法就是请他吃糖。

糖，是甜的代名词。可是，甜的东西未必就是糖

（如木糖醇），而糖也未必一定甜（如属于多糖的淀粉、纤维素和糖原）。准确地说，我们认为可以代言甜的糖，几乎就是指蔗糖。

蔗糖是食糖成分的主要来源。蔗糖并非指从甘蔗里提炼出来的糖，而是泛指甘蔗、甜菜、水果中含的糖分。

中国历史悠久，吃甜食的历史自然也很长。不过，我们吃糖——砂糖——的历史相对来说却要短得多，大概只有一千多年。这很大程度上是因为技术不到位。

或问：在吃到砂糖之前，我们的先人又是从哪些渠道获得“甜”的资源呢？

我们虽然无法准确地估计出先人吃甜或吃糖（非砂糖）的最早时间，但途径基本清楚：蜂蜜、粮食、水果。

二

让我们来看看蜜糖——蜂蜜的情况。

大约公元前1046年，武王开始伐纣，他的一面军旗上因钉满了蜜蜂而被称为“蜂旗”。那么多的蜜蜂怎么会跑到旗子上去的呢？晋王嘉《拾遗记·周》说："周武王东伐纣，夜济河。时云明如昼，八百之族，皆齐而歌。有大蜂状如丹鸟，飞集王舟，因以鸟画其旗。翌日而枭纣，名其船曰蜂舟。鲁哀公二年，郑人击赵简子，得其蜂旗，则其类也。武王使画其像于幡旗，以为吉兆。今人幡信，皆为鸟画，则遗象也。"蜂旗充满了恐怖气息，目的是吓唬敌人，鼓舞自己的士气。有考证说，"蜂旗"乃是武王叫人在旗上涂满了蜂蜜，才吸引大量的蜜蜂前来。不知此说有何依据。而有人根据"蜂旗"，推断那个时代的人已在吃蜂蜜了，确实是没有根据的，因为先秦的文献中几乎看不见吃蜂蜜的记载。

至少在西汉时，蜂蜜还是珍品。东晋葛洪《西京杂记》里说："南越王献高帝石蜜五斛，蜜烛二百支。帝大悦。"这里情形又很复杂。《玉篇》云："蜡，蜜滓。"陶弘景云："白蜡生于蜜中，故谓蜜蜡。"尚秉和辑《历代社会风俗事物考·卷十·灯烛》中就此考证说："蜜烛者，蜡烛也。古蜜与蜡不能分解，混合为一，故亦曰蜜烛。可见汉初无此物，故南粤王以为贡，其珍可知。至郑玄注《三礼》，言烛多矣，而无以蜡烛为证者。"蜜烛，是用蜜蜂的蜜和蜡（两者混合）做的蜡烛，是日用品。那么石蜜又是什么呢？李时珍《本草纲目·虫部·蜜蜂》："其蜂有三种：一种在林木或土穴中作房，为野蜂；一种人家以器收养者，为家蜂，并小而微黄，蜜皆浓美；一种在山岩高峻处作房，即石蜜也，其蜂黑色似牛虻。”石蜜是野生蜜蜂留在山崖上的蜜汁晶体，要将它们采集下来非常困难，价值很高，故相当珍贵。《天工开物》引唐陈藏器《本草拾遗》曰：“凡深山崖石有经数载未割者，其蜜已经自熟。土人以长竿刺取，蜜即流下。或未经年而扳缘可取者，割炼与家蜜同也。”我知道还有一种说法：石蜜就是蜜蜂在野生状态下，将蜜留在蜂房上，由于一直未被采取，渐渐形成像石头一样的蜜块，极富营养价值。

可是，关于石蜜，却有完全不同的说法。《法华玄义七》曰：“言石蜜者，正法念经第三云：如甘蔗汁器中火煎，彼初离垢名颇尼多。次第二煎，则渐微重，名曰巨吕。更第三煎，其色则白，名曰石蜜。”清张澍辑《凉州异物志》证实说：“石蜜非石类，假石之名也，实乃甘蔗汁煎而暴之，凝如石而体甚轻，故谓之石蜜。”《本章纲目》却曰：石蜜，“一名乳糖，又名白雪糖，即白糖。出益州，及西戎。用水牛乳汁米粉和沙糖煎炼作饼块，黄白色而坚重，川浙者佳”。李时珍还说：“石蜜，白沙糖也，凝结作饼块者为石蜜。”过去的白沙糖，是从甘蔗中提取的。李时珍说的石蜜，一会儿蜂蜜，一会儿蔗糖，是不是也有点前后矛盾？百度百科上说：“石蜜指甘蔗汁经过太阳暴晒后而成的固体原始蔗糖。”甚至干脆说是“冰糖”。更怪的一种说法是：石蜜指甘蔗汁经过太阳暴晒后而成的固体原始蔗糖，由野生蜜蜂憩息而成，采数百余种名贵中草药之花液、花粉，酿造于悬崖之间，历经数十年粒粒积累而成的中药材之精华，百草药之结晶。咳！这个定义，既有甘蔗的份儿，也有野生蜂蜜的参与，“两边”都不得罪。如此众说纷纭，让我这个外行失去了判断方向。

石蜜究竟为何物？在下愿意求教于高明。

东晋时代的人，大概总算能太太平平吃到蜂蜜了。那时的著名学者郭璞就写了一篇《蜜蜂赋》，极言蜜蜂“咀嚼华滋，酿以为蜜。自然灵化，莫识其术。散似甘露，凝如割肪。冰鲜玉润，髓滑兰香。穷味之美，极甜之长。百药须之以谐和，扁鹊得之而术良”，称赞蜂蜜的好处。他在注《尔雅》时说：“今江南大蜂，在地中作房者为土蜂，啖其子。”他在注“木蜂”时又说：“似土蜂而小，在树上作房。江东亦为木蜂，又食子。”李治寰先生《中国食糖史》（农业出版社，1990年）根据郭璞注“土蜂”“木蜂”条阐发说：“我们祖先吃蜜，早期可能还不知道割蜜炼蜜。他们吃蜜时，连蜂子也吃下肚去。”“他们吃蜜的同时也吃蜂子，在汉代也可找到文献的证据。”李先生所谓的“汉代文献”，是指《说文解字》。但这只是他的猜测而已。《说文解字》称“蜜”：“蜂甘饴也，一曰螟子。”李先生大概以为螟子即蜜蜂的本尊。然而这是错的。他粗心了，这里的“子”，是指卵子。“啖其子”“又食子”，是说人们吃蜜蜂产下的卵，怎么会把蜜蜂一起吃下去呢？若按李先生所言，我们的先人也太狂野了吧，难道他们就不怕被蜂刺蜇痛了喉咙？

三

好比造字的仓颉，东汉时期的姜岐被认为是中国养蜂的鼻祖。养蜂的目的，除了传播花粉，获取蜂蜜乃是题中之义。《武威汉代医简》中的许多药方里都有蜂蜜的参与。至少在唐代，人们获取蜂蜜的途径，主要还是从野蜂中来。《法苑珠林》说：“终南山大秦岭竹林寺，贞观初，采蜜人山行闻钟声寻而往焉。寺旁大竹林，可二顷，其人断二竹节以盛蜜。”可为佐证。元代才是真正大规模养蜂的时期，政府颁行的《农桑辑要》，把养蜂纳入了农业范畴。不可思议的是，元人之所以力推养蜂，只是因为统治区域缺少蔗糖资源以及因连年战争致使百姓没有多余的谷物来熬制饴糖。

《礼记·内侧》：“子事父母，枣、栗、饴、蜜以甘之。”说明把蜂蜜当礼品、当糖吃是很早的事情。秦汉之后，蜂蜜作为食品调味剂或药品矫味剂掺入面粉，被广泛用于糕点制作。在宋代，端午的糖蜜韵果、糖蜜巧粽，重九的糖蜜调糜、栗子粉模制各种花式糕点，日常的蜜麻酥、蜜糕、蜂糖糕、蜜辣馅饼，等等，宫廷还设“蜜煎库”做蜜饯，都用到了蜂蜜。

接着要说说饴糖。

饴糖在中国的历史很长，据说有四千年。我小的时候，物资匮乏，巧克力、鸟结糖、奶糖等比较高级，不易吃到，只能去买用两根细木棒绞来绞去的饧（音兴）糖（上海人读别字作勤糖），或从家里樟木箱上撬下一只铜把手去换小贩挑担上的糯米糖。还有一种，是不用凭票就能买到的糖果——高粱饴。实际上饧糖、糯米糖、高粱饴等都是用粮食做的，正规的叫法是饴糖。高粱饴如今在山东的“三孔”仍旧大卖。

想必你对麦芽糖这个词不陌生？是的，麦芽糖就是饴糖，因为做饴糖时离不开麦芽的催化作用。制作饴糖的基本路径是：将麦粒加水浸泡，直至发芽，切碎；将谷物浸泡以致膨胀，蒸至谷物无硬心时取出，晾凉；将切碎的麦芽拌入谷物中，发酵；然后进行压榨，至液体流出；液体再经浓缩、加热，形成一定浓度的胶质状态，即为饴糖。饴糖有软、硬之分。软者为黄褐色黏稠液体，如饧糖；硬者乃软饴糖经搅拌，混入空气后凝固为糖块，如糯米糖。

古人对于饴糖制造，驾轻就熟，且技巧颇多。汉代刘熙著《释名》，提及饴糖品种："糖之精者曰饴，形怡怡然也；稠者曰饧，强硬如饧也；如饧而浊者曰餺。"比现在的分类精细。《诗经·大雅·绵》描绘农作物的肥沃茂盛，用"堇荼如饴"来形容（像饴糖那样铺展在地上）。《淮南子》里有"柳下惠见饴曰'可以养老'，盗跖见饴曰'可以粘牝'（可以粘门闩）"的话，说兄弟俩（庄子的说法，实际不是）的思想境界完全不同。饴能养老，这是多么高级的事啊！岂止如此，"含饴弄孙"这个词，我们非常熟悉，其出自《后汉书·马皇后传》："吾但当含饴弄孙，不能复关政矣。"把吃麦芽糖看得比当朝理政还幸福，可见它的魅力是很足的。据记载，唐代的市场上有专门卖饴糖的铺子，品种有大扁饧、马鞍饧、荆饧等，不过，那是普通老百姓的零食，有地位的人已经吃起蔗糖制品了。

其实，蔗糖制品和饴糖制品无法区分孰高孰低，比如宋代，市场上多见饴糖和蔗糖混合制作的产品，如芝麻糖、锤子糖、鼓儿饧、铁麻糖、小麻糖、稠糖葫芦、农花糖等，单纯的蔗糖或饴糖，翻不出那么多花色。以明代为例，当时的广州已盛产蔗糖，但糖果店里芝麻糖、牛皮糖到处在卖。就是现在，糖业那么发达，我们不是还在吃梨膏糖（系用饴糖、蜂蜜、梨汁及草药熬成）吗？

从前家境困难的人家要吃饴糖，可家里的粮食尚不能果腹，怎么办？他们就用米糠、玉米心、玉米秸秆、红薯等来熬糖。至于品质如何，我没有吃过，不太清楚；或者吃进肚里也不知道那是用农作物的“下脚料”做的。

再说果糖。

这里所谓的果糖，只是指从水果中摄取的糖分。大部分水果是甜的，然而，正像你知道的那样，有些水果被用来制成果脯，参与了很多点心和零食的制作当中，比如各种果酱以及枣泥饼、杏仁酥、苹果派、梨膏糖，阳桃和樱桃作为蛋糕的点缀也是常见的，做蜜饯更不用谈了。它们一直在用甜的“姿态”刺激着人们的味蕾。

从魏文帝《诏群臣》中我们知道，三国时的四川人因为嫌炖的鸡鸭没有味道，已经蘸“饴蜜”来调味了。

饴蜜固然指饴或蜜，那么是否包括甘蔗呢？

如果甘蔗被确认为水果的话（通常在水果店出售），那么甘蔗在果糖中的身份是比较特殊的。至少在战国时代，人们已经懂得提取其中的糖汁用于烹饪，比如屈原《楚辞·招魂》有一段写美食的著名文字：“胹鳖炮羔，有柘浆些。”柘，有考证说，在古代同“蔗”，就是甘蔗。柘浆，甘蔗汁也。古人在蒸甲鱼和烤小羊时在食材上淋了甘蔗汁，相当考究。陈寿《三国志·吴志·孙亮传》中有“亮使黄门以银椀并盖，就中藏吏取交州所献甘蔗饧”的记载，说明当时两广及越南（交州）一带把蔗糖浆水当作珍贵礼品。倒是三国时的曹丕，“时酒酣耳热，方食竿蔗，便以为杖，下殿数交，三中其臂，左右大笑”（《典论·自叙》）。他把甘蔗当作棍子耍弄，实在太怠慢了它了。

六朝大致是用阳光提炼糖汁的发轫期。等到把甘蔗汁变成砂糖，做成调味品，那是后来的事情了。

四

我遇到过许多表示不喜欢吃甜的人，有北方人，也有比江南更南一点的人，但观察下来，发现他们只是对于偏甜一点的菜肴不太接受，而对诸如巧克力、饮料、点心、水果等甜品一点不拒绝。因此，所谓不喜欢甜食，只是一种有选择、有特定指向的说法，不足为凭。

巧克力、饮料、点心之类的甜，由糖的参与使然。如今，无论是用在菜肴上的糖还是用在零食上的糖，大都是指砂糖。砂糖的来源，主要是蔗糖。我们不要以为蔗糖就是从甘蔗里炼出来的糖，除了甘蔗糖，它还包括甜菜糖。

甘蔗糖有悠久的历史。甘蔗变成砂糖，在现代人眼里，不过是三下五除二的功夫，其实它经过了很长的演变过程。

我看过的不少资料，都称甘蔗是舶来品，比如有此一说：甘蔗原产地可能是新几内亚，后来传播到南洋群岛和印度，大约在周宣王时传入中国南方。我们怎么知道这种说法是对的呢？周宣王时代在公元前七八百年，遗憾的是，我们可没有足够的古代文献来证明这一点啊。

20世纪80年代初，著名学者季羡林先生偶然发现一小片敦煌残经写卷的背面写着几百字制造“煞隔令”的方法，他解读出所谓“煞隔令”（sarkara）和英、法、德文中“糖”字的字根有着紧密关系，由此推理出蔗糖是从印度（通过波斯）传入欧洲。当然，他还拿着这张小纸片告诉我们：至少在中古时期，印度已经有了蔗糖和制糖技术，而且通过丝绸之路传到了中国。另外，季先生根据“甘蔗”一词在中国古代的“随作无定体”，认为甘蔗也是从外国输入的（比如先秦时“柘”“蔗”同音，可能是南洋的土音）。

和一般的猜测不同，季先生是有考据的。可是，让我们迷惑不解的是，根据当时的地理条件，这张纸出现在了一个错误的地方——西北不适合种植甘蔗。因此，这张小纸片只能说明中国的炼糖技术可能来源于印度，不能说明中国的甘蔗也是从印度引种的。

和季先生的意见相左，有人认为，中国在战国时期（公元前三四世纪）的饮食中已出现“柘浆”（蔗浆）一词（见《楚辞》），而几乎同时，印度刊行的佛典《本生经》也出现了榨甘蔗、糖汁和糖粒字样，算起来，中印在那时没有交通，故不可能发生语音上的影响。即使中国的甘蔗是舶来的，那也最有可能从越南、缅甸等东南亚国家引进，“甘蔗”的读法应该从这些国家的读音中借音，但越南语、马来语和孟族语里“甘蔗”的读音，和梵语毫无关联。还有，中国古人命名驯化的植物往往有一定的规律可循：可以是单字——稻、麦、橘、栗、枣等；也可以是单名前加一个表达植物特征的形容词——水稻、小麦、金橘、板栗、酸枣等。即使是舶来品，照样有办法界定，如胡桃、海椒、番茄、洋葱之类，或干脆音转，如葡萄、枇杷等。蔗、甘蔗的称呼，非常中国化，因此很难论定其为舶来。更重要的是，在我国的华南、华东、华西甚至华中已发现了“中国竹蔗型种”的野生甘蔗原种，它被科学家公认为世界四大蔗种之一！

尽管如此，我们仍然没有足够的证据来证明把甘蔗炼成蔗糖的技术是中国的发明。《楚辞》中提到的

“柘浆”（甘蔗浆）还是液态的，与炼糖技术没有什么瓜葛；它最大的贡献，是显示了那个时候的中国已经有甘蔗并且有了某种吃法。

值得注意的是，《新唐书·西域列传·摩揭陀国》中有一段话：“贞观二十一年，始遣使者自通于天子，献波罗树，树类白杨。太宗遣使取熬糖法，即诏扬州上诸蔗，拃沈如其剂，色味愈西域远甚。”说的是唐太宗派使者去印度学习熬糖法后，传令扬州地区如法炮制，结果所产的糖，味道胜过印度的糖。

唐太宗为什么要派人去印度学习熬糖？肯定是本地的蔗糖质量不理想。汉代文献里就有“西极石蜜”“西国石蜜”（即印度的冰糖）等说法，《三国志》里又提到中国两广一带进贡“甘蔗饧”，这至少说明，当时在我国政治中心的中部以及东部地区，即使出产蔗糖，质量还是不行。

那张敦煌小纸片上传出的信息，和唐太宗遣使学习炼糖法之间有没有必然的联系？季先生把它看作丝绸之路的产物，那么理论上应该只有一种可能：印度炼糖技术的传播止于敦煌一线，否则唐太宗何必要派遣唐使赴印学习制糖术？我猜还有一种可能：这张纸片记录了唐代长安的炼糖技术后再流落到了敦煌及其附近（据说这张纸所反映出的造纸技术比蔡伦时代高明得多，也能说明一点问题）。

无论如何，中国当时的制糖技术直接间接地来自印度是显然的。

有意思的是，马可·波罗在他的游记中提到他看见印度人来中国买糖的情况。有专家以为这就是印度开始蔗糖生产比中国迟得多的重要证明。殊不知《新唐书》早就说过，经过技术消化，中国蔗糖“色味愈西域远甚”的话了。正所谓青出于蓝而胜于蓝，印度人来中国买质量更好的蔗糖，有什么可奇怪的？

五

在广西去越南的路上，时常可以看见大片的甘蔗林，它们像大兴安岭的森林，像黄土地上的高粱，像白洋淀里的芦苇，像广德山间的竹海，层层叠叠、密密麻麻，随着山丘沟壑的形势而起伏，和着浮云熏风的节律而摇曳。你在千里之外，咀嚼一支甘蔗的时候，绝对不能想象甘蔗成林的气派是那样的壮美阔大。

这似乎也从一个方面坐实了甘蔗的来路——南方，再南方。

面对足以使人变得渺小的甘蔗的森林、甘蔗的海洋，你会油然发出询问："那么多的甘蔗，就凭你我这样一根一根地啃，该啃到什么时候啊！"是的，甘蔗是用来被人啃的，但就目前而言，甘蔗被人啃的只是极少数，绝大多数被用来榨糖。我们见到的白花花的砂糖，就是甘蔗的精魂转世。

这样说，身居北方的朋友也许不乐意了：南水北调，难道我们吃的砂糖还要"南糖北调"不成？

是的，"南糖北调"的话，至少在21世纪初是不错的，关键之处在于北方不产甘蔗，那就意味着缺少提炼砂糖的本钱。然而，大概在1906年的时候，我国制糖史上出现了一个具有里程碑意义的大事件——俄籍波兰人在中国东北黑龙江开始种植糖用甜菜。之后的1908年，我国建成第一座甜菜制糖厂——阿城糖厂。两件事隔了那么短的时间，显然，中国种植甜菜的目的很明确：炼糖。

可以说，自此以后，北方人可以摆脱对于南方甘蔗糖的依赖了。

按通行的说法，1906年就是中国甜菜的发轫节点了，然而它受到了文史学者的质疑。宋湛庆先生在《我国引进糖用甜菜时间的正误》一文中指出，1896年，河南滑县人郭云升在其所著《救荒简易书》中说起过："云在山东省齐河县黄河船中，见奉天海州（海城）商人，闻其说洋蔓菁（甜菜）碾汁做糖，为利甚厚，而其渣为用尤大，丰年能饲牛马，荒年可以养人。云喜，细问原委，则曰：'奉省海州种洋蔓菁业已二十余年矣，故能言之详且尽也。'”很清楚，一句“业已二十余年矣”，把中国引进糖用甜菜的时间提前至1876年之前。而且，其所提及甜菜制糖、销售及废物利用，言之凿凿。当然，“海州种洋蔓菁”“碾汁做糖”，大致可以判断非较大规模的工业化生产，小作坊的可能性最大。从这个意义上说，把“1906年”作为一个具有标志性的历史时刻，也是说得过去。

中国甜菜是外国引入的，这一点没有疑问。问题是，它从哪里引进？又从什么时候开始引进？

有一种说法是汉魏时期即公元3世纪左右由西域输入，并在黄河流域种植，当时叫莙荙菜或牛皮菜，主要用于作蔬菜或饲料，也用作药物。真是让人难以置信：就算这是信史，在经历了十五六个世纪一千五六百年时间，甜菜才被中国人认识到可以炼糖，而且这种认识还是受了外国的影响！其间那么长时光，中国人的脑子难道都不开窍？事实就是如此。我们且来看看李时珍《本草纲目》中的描述：“菾菜，即莙荙也。菾与甜通，因其味也。莙荙之义未详。莙荙正二月下种，缩根亦自生。其叶青白色，似白菘菜叶而短，茎亦相类，但差小耳。生、熟皆可食，微作土气。四月开细白花。结实状如茱萸梂而轻虚，土黄色，内有细子，根白色。”李时珍所说的莙荙菜，就是现在我们说的甜菜，只不过它是甜菜的一个变种。李时珍对甜菜有非常准确的认识，可惜没有拈出它可以炼糖的妙处。或许那时的人们，一门心思只想到从甘蔗中取糖也未可知。

事实上，古代外国人的脑子同样不开窍。

据记载，2 500年前波斯地区已经栽种甜菜；再，公元4世纪世界上已出现白甜菜和红甜菜；又，公元8—12世纪，糖甜菜在波斯和古阿拉伯已广为栽培。我看到的一则材料则说，古希腊人把甜菜根作为供品奉献给太阳神阿波罗，爱与美之神阿芙罗狄娜以食用甜菜根来美容，算下来，那就与古波斯（2 500年前）差不多同时。

这里牵扯到一个问题：甜菜的故乡究竟在哪里？查一般的工具书，它们都会告诉你，甜菜的原产地是欧洲，而且是欧洲的西部和南部。我也倾向于这个结论。理由是，甜菜比较适合在北纬45度左右地区生长，欧洲的德国、法国、俄罗斯、匈牙利、波兰等，美洲的美国，都是甜菜的种植大国，都在这个纬度范畴；而中国的东北地区也在这个纬度附近，也是甜菜主要产区——这是东北首先大规模种植和制造甜菜糖的重要原因之一。按照这个原理推断，阿拉伯地区作为甜菜原产地可能性相对较小。有人说，甜菜是十字军东征时欧洲商人从“东方”带回欧洲的，我以为有点勉强，因为十字军东征是发生在1096年到1291年间的事，为什么古希腊神话中会出现甜菜的影子？解释不通嘛。可是，如果反过来说，即使阿拉伯地区的甜菜是从欧洲传入的，大概不可能是十字军东征的产物，可能更早。中国的甜菜从何而来？大家认为来自阿拉伯地区。十字军东征，差不多是中国的宋朝。由此推断，甜菜应该在宋或宋以后来到中国才对。可有人说了：甜菜在汉魏时期就传到了中国。两种说法显然矛盾。结论是，要么“汉魏说”不对，要么从欧洲传到阿拉伯的时间是错的。

孰对孰错，我们暂且放一放。令人沮丧的是，在欧洲，真正把甜菜用于炼糖，迄今也就两百多年时间。在这之前，欧洲人和中国人一样，对甜菜木知木觉。

一切，都在一个伟大的化学家出现之后发生了变化，他就是A.马格拉夫。

六

马格拉夫，德意志化学家，曾经担任过柏林科学院的院长，分析化学的先行者。这位科学家是科技界的大腕。学过化学的人多少有些了解，在化学元素史上，有个研究课题——氟元素的发现，揽得多项第一——参加人数最多、危险最大、工作最难，不少化学家为此损害了健康甚至牺牲了生命，故被称为“悲壮的化学元素史”。在这个前赴后继、历时118年的研究过程中，马格拉夫站在最前列。

马格拉夫有这样的学术成就，足以使他名垂千史。可是，他还有一项划时代的发现——1747年，在显微镜下，他发现了甜菜根中含有甜菜糖的晶体，于是写了研究报告送交普鲁士科学院。遗憾的是，这份报告并没有得到应有的重视。

好在薪火相传，他的学生F.K.阿哈尔特1786年在柏林近郊培育出世界第一个糖用甜菜品种。这种甜菜，块根肥大，根中含糖分较高，阿哈尔特成功地从中提取蔗糖，并开始了甜菜的育种工作。1795年，他生产出了三公担的甜菜糖。1799年，他发表论文宣布已经实现了甜菜制糖的目标。

然而，阿哈尔特的研究成果却引来英国当局的极端恐慌，他们千方百计地阻挠这项研究。起先想方设法对阿哈尔特进行利诱，让他宣布用甜菜制糖的研究失败，没有得逞；后来便对阿哈尔特进行污蔑和迫害，散布不利于他的言论，令他几乎无法在德国安身。最终，那些卑劣的阴谋都流产了。

英国人为什么煞费苦心，非置甜菜研究于死地不可？

原来，这与当时的地缘政治有关。就在阿哈尔特的甜菜制糖研究取得突破之际，欧洲发生了一系列的战争（1793—1815年），即拿破仑一世率领法国军队对抗反法联盟的战争。拿破仑对不列颠岛实行经济封锁，而英国则从海上对欧陆实行经济封锁。这样一来，诸如食糖等生活必需品就被挡在了欧陆之外。欧洲不产甘蔗，无法获得糖源。欧陆人正为此一筹莫展，恰恰这时传来甜菜可以制糖的好消息，怎不让拿破仑喜出望外！法国大力推动甜菜制糖的进程，而这又是英国所不愿意看到的，所以才有打压阿哈尔特的桥段。

或问：阿哈尔特是德国（普鲁士）人，为什么他的国家对甜菜制糖这件事没有表现出浓厚的兴趣？原因是普鲁士人对这个科研项目还未普遍相信。倒是俄国人占得先机。1802年，就在阿哈尔特在西里西亚附近的库内恩建立了世界上第一座甜菜糖厂的同年，俄国也建成了一座甜菜糖厂。俄国之所以急吼吼办甜菜制糖厂，是因为它的砂糖完全依赖进口。接着，法国在1811年开了第一家甜菜糖厂。德国见这两个国家用甜菜制糖的发展势头很好，便积极跟进。于是，欧洲出现了一股甜菜制糖潮。不久，甜菜制糖技术便传播到了美洲，继而传播到亚洲，乃至遍及世界各地。

之前我们说过，甜菜从出现到被利用，中间隔了两千多年的时间，而人类竟然无所作为。这在现代人看来，不管是古代中国人还是古代外国人，都显得智慧不够。其实这里头有一定的道理：最初的甜菜，其含糖量只有百分之六。而甘蔗的含糖量是百分之十八。如果甘蔗的含糖量只有百分之六的话，给人最直接的感受是不甜，没有人会去吃的。因此，含糖量偏少的甜菜，无法让人对它发生兴趣。经过农学家的努力，在20世纪初，甜菜的含糖量已是百分之十八；目前大概是百分之二十四。这两个数字，都达到或超过甘蔗含糖量的指标，当然可以和甘蔗等量齐观了。然而，就目前提取蔗糖的份额来说，甜菜仍然不及甘蔗（大约3∶7）。

一般而言，白砂糖、红糖、冰糖取材于甘蔗，绵白糖、方糖则取材于甜菜。按照纯度排列，依次为：冰糖、白砂糖、绵白糖、红糖。但糖的甜度和含糖量（纯度）并不匹配，最甜的西瓜含糖量仅百分之十三，而大米的含糖量竟然是百分之七十五！

值得一提的是冰糖和红糖。冰糖是甘蔗糖经过精炼、溶解并多次结晶而成；红糖是由甘蔗榨汁滤去杂质后熬炼结晶而成。冰糖与红糖的区别在于工艺的粗细而已。介于两者之间的则是白砂糖。做工相对粗糙的红糖并不如我们想象的那样低级，相反，不作精加工而使它保留了比白砂糖更多的营养价值；讲究的红糖还要加适量的蜂蜜，换一种称呼便叫黑糖。现在有些人十分迷恋焦糖，诸如焦糖布丁、焦糖沙琪玛、焦糖咖啡等，甚为抢手。实际上焦糖既不神秘，也不高贵，它只是蔗糖熬成黏稠液体或粉末而已，深褐色，有苦味，广泛用于酱油、醋、啤酒、糖果等的天然着色剂。

和冰糖、白砂糖相比，无论是蜂蜜还是麦芽糖，含糖量都很低，甜度也不高，这倒是受不太喜欢吃甜的人的欢迎。不过，由于蜂蜜中的葡萄糖和果糖能够被人体直接吸收，麦芽糖则富含碳水化合物，“糖友”待之须十分谨慎克制。

关于糖源，在人们印象中，无非是甘蔗、甜菜、饴糖、蜂蜜、果糖之类，很多人不知道的是，加拿大出产一种叫枫糖的玩意儿非常神奇，它出自糖槭（糖枫）树内。这种树的树干中含有大量的淀粉，冬天成为蔗糖，夏天转化为液体状态，工人们在树上钻孔，树液缓缓流出，用火熬一下，就成了枫糖。到加拿大旅行的人通常会带回作为伴手礼送人。我有幸尝过，味道不错。

当下流行的木糖醇，是从某些植物中提炼而成的糖，一种很有前途的甜味剂。还有一种元贞糖，也从天然糖源中精炼，甜度是蔗糖的十倍而热量极低（白砂糖的十分之一不到），为“糖友”理想的食品甜味剂。而有些叫作“糖”的糖，其实和天然糖无关，它们是化学品，如糖精，不过是骗骗嗜甜的人的嘴而已。

七

英国人是世界上最负盛名的嗜甜族群。我们知道，英国无法种植甘蔗，自然就不能产糖。可是以前它在海外的殖民地不少，诸如东南亚和加勒比海等地区为它输送砂糖，源源不断。这个老牌帝国，手段阴险，把自己不要的东西“送”给弱小民族，比如鸦片，却把大家都喜欢的东西包揽下来，形成垄断，比如砂糖。18世纪末19世纪初，英国人跟法国人不开心，想出一个毒招，就是从海上对欧陆进行封锁，其中砂糖就在其“负面清单”里头。

过多的占有便意味着需要积极消化库存。我猜想英国人的嗜甜，和占有砂糖资源有关，这与大胖子是吃出来的，是一个道理。

有一种说法也很流行：原先英国人喝的茶，都是舶来的，很苦，有了砂糖以后，苦茶就有矫味的材料——砂糖。日长时久，英国人离不开砂糖了。

法国人调侃英国菜糟糕至极，由此差一点引起外交上的纠纷。英国菜虽不见佳，倒也不是每菜必甜。

不过，传统英国菜一般按序为三道，最后一道一定是甜品，如烧煮水果、果料布丁、冰淇淋等。他们对传统的甜点心和甜馅饼情有独钟，在所谓的“最受英国人欢迎的十大甜点”中，Eton Mess最富传奇色彩。传说它原先只是一道普通的酥皮点心，有一天被一条狗打翻了，厨师为了挽救这道点心，往里加了草莓和冰淇淋，居然在无意间成就了一道名点。由此可见，如果缺少嗜甜的主导作用，厨师无论如何不会想起用到甜味食材。一听“维多利亚海绵蛋糕”这个名称，人们就知道它和英国女王有关。是的，确是女王最爱吃的蛋糕，尤其是一层奶油夹一层果酱的那种，它已经成为英式下午茶的经典甜品。上行下效，推波助澜，现在这款甜品成为伊顿公学等名校进行板球比赛时的专用甜品。

英国人的下午茶，色彩缤纷，品种繁多，实际上热衷于此的人都在为自己喂糖。难怪英国牙医的生意相当不错，不用担心客源——总有把牙齿吃坏的人找上门来。

有人说，中国人的嗜甜才是货真价实的。信和不信者皆有。我站在信的一边。从总体上看，撇开甜点，我们做的菜，砂糖的参与度蛮高的，在世界范围内比较少见。

有清三百年，北（满）人主政。顺治皇帝虽然颁布了令人感到屈辱的“剃发令”——留头不留发，留发不留头；却于饮食一项，不遑干涉，放任自流。而且，清代历朝皇帝，对于汉食，多取认同的态度。以乾隆帝为例，六次南巡，所到之处，地方大员照例贡献特产。我们根据《乾隆三十年江南节次膳底档》《乾隆四十五年节次膳底档》《乾隆四十九年节次膳底档》《乾隆三十年江南额食底档》等材料，可以看出，乾隆对于甜食并不讨厌，诸如冰糖燕窝、糖炒鸡、糖醋山药、糖醋锅渣、奶酥油糖饼、炸油香、糖醋萝卜、蜂糕、黑糖糕之类，均在食单。这里胪列的只是带“糖”的，须知江南人烧菜，那些名称上看不出“糖”字而实际上加糖的菜肴，数不胜数。

《红楼梦》里有一道著名的点心叫糖蒸酥酪，由宫中赐出。这道甜品虽然不见于乾隆的膳底档，却是皇宫中的常馔。因为元春是皇帝的人，贾家人自然是皇眷，才吃得到，也算是“皇恩浩荡”了吧。

八

乌鲁木齐人说自己吃得最甜，北京人笑了；北京人说自己吃得最甜，深圳人笑了；深圳人说自己吃得最甜，杭州人笑了；杭州人说自己吃得最甜，厦门人笑了；厦门人说自己吃得最甜，香港人笑了；香港人说自己吃得最甜，无锡人笑了；无锡人说自己吃得最甜，上海人笑了；上海人说自己吃得最甜，苏州人笑了；苏州人说自己吃得最甜，广州人笑了；广州人说自己吃得最甜，没有人敢笑了。

国内一家著名的美食网站发布《2013年中国美食网络发展及趋势报告》，列出“全国十大爱吃甜的城市”，广州领衔，乌鲁木齐殿后。广州之后依次是：苏州、上海、无锡、香港、厦门、杭州、深圳、北京。

凭我的经验，这样的排名好像太不接地气了。这十个城市我都去过，印象中，吃甜的“指数”与这个排名出入很大。比如上海排在无锡的前头，不要说无锡人不买账，就是上海人也不敢掠这个美；苏州人在吃甜方面，自然笑傲上海，但对无锡人还是要退避三舍的。广州人怎么会夺得桂冠？我想来想去没想通，粤菜以海鲜取胜，不可能烧得比苏锡帮的松鼠黄鱼、梁溪脆鳝还甜；即使里边埋伏着用糖的机制，比如广东烧腊里的叉烧有点甜蜜蜜、烧鹅要蘸果酱，那也赶不上无锡小排骨的贼甜、陆稿荐冰糖酱鸭的浓烈。怎么广东人吃甜的风头会压过了无锡？

也许是我理解错了。这份报告中的“甜”，是“综合指数”，不是专门针对菜肴的。比如，广州人、香港人喜欢喝咖啡，那么每天接触砂糖的机会可能多一些；广州、香港的点心大都取法西式，自然是甜多于咸，比如菠萝油、蛋挞之类。不过，苏锡常地区在吃糖果方面却是当仁不让的甜，粽子糖、芝麻糖、花生酥……尤其是小笼包、豆腐干，其他地方哪里会做成甜品？哎，人家苏州人无锡人，就跟你玩甜的。据说无锡人判断一个人是否当地人，就看他吃面：往面里加糖的，本地的；不加糖的，外来的。苏浙沪流行的乳腐肉、糖芋艿，不放糖怎么行？

把上海夹在苏州和无锡中间是毫无道理的。上海的本帮菜并不主张甜字当头，虽然有冰糖蹄髈、冰糖甲鱼，渊源则在于苏锡的影响；同时又很看重腌腊，那又是浙江的风气，甜度大降。本帮菜的特点并不是甜，而是浓油赤酱，理论上应当说偏咸的。然而，如果有人按照“浓油赤酱”的规制，刻板运作，往咸里走，那就走岔了。缺糖的红烧有点苦。真正懂上海菜的人，其实是不吝于放糖的。

浓油赤酱，是红烧的极致状态。诸凡红烧，听上去绝对偏咸，其实却是偏甜，不信你去尝尝饭馆里的红烧菜。本帮里的名菜——红烧鮰鱼、草头圈子、熏鱼、酱小排，如果没有足够的砂糖调味，烧出来的菜，食客难免要喊咸；更主要的是，限制砂糖的投入，本帮的色、香、味、形会大打折扣。比较有代表性的是红烧肉。在苏浙沪，烹饪一道红烧肉，只放盐、酱油而糖缺席，那是不可想象的。标准的红烧，多少都要放点糖，似乎约定俗成。有的人如法炮制，要问他为什么这么干，也许无从回答，但他知道只有这样做才好吃。糖在苏浙沪的菜肴当中，起到的作用不仅仅是传导甜味和着色，还要担当呈现厚度和黏度的功能，或许还有其他的原因。

现在的湘菜，总少不了一道红烧肉，似乎是因为毛泽东喜欢吃红烧肉的缘故。很多人不知道的是，正宗的毛家红烧肉的“红”，并不是酱油的作用。有人回忆说，毛泽东讲过，他年少时看见酱缸里的酱被虫叮雨淋，感觉很不好，从此拒绝用酱油做的菜。烹饪红烧肉不用酱油怎么行？厨师想出一个办法——用焦糖来着色。这也说明砂糖的作用相当广泛。

不过，用糖来调色，却是袁枚非常反对的，他说，“求色不可用糖炒”，“一涉粉饰，便伤至味”（《随园食单·色臭须知》）。袁枚说的糖，好像是指红糖，自然要慎重。这里头有究竟求色还是求味为主的考量，恐怕只能见仁见智了。

偏于北方口味的人往往对于江南一带的人连炒个青菜也要放糖很不以为然，甚至作为笑柄。我想为此作点辩护——

炒青菜要放点糖，表面上看令人不可思议，其实颇有道理。我们注意到，精于烹饪的人，冬天炒青菜，往往会不放或减少平时放糖的量，因为冬天的青菜，经过霜冻，一部分淀粉会转化为糖，故吃上去有股甜味。若在一般季节，青菜则有点苦涩，加点糖，其意义很大：可以中和苦味；可以减少营养流失；可以使吃口更为干脆；可以使颜色看上去更绿；可以保持青菜的鲜味。《随园食单》就指出过，“调剂之法，相物而施……由取鲜必用冰糖者”云云。北方人大多吃大白菜，对江南人炒青菜所用的心思，无法参透。然而，由此而产生的误解，正说明南人烹饪的细腻精致。

川菜，辣是个标签，不过它的口水鸡或干烧系列等，还真离不开糖。

卤，是将经过初加工后的食物，放入卤汁中，使卤汁渗透其中直至成熟的过程。酱，是用酱或酱油来加工（腌制）食物的过程。人们常说“南卤北酱”，卤，需要冰糖的掺和，厨师不会不知道，那么，酱，就不需要糖了吗？哪能呢！照样要请糖“出山”，北京的京酱肉丝，一点也不比江南的红烧肉来得咸。酱制过程所用的酱汁，原先必用豆酱、面酱等，现多改用酱油或上糖色。南北口味，看上去好像差异很大，但在增加菜肴的美味美感上，还得说“拜糖所赐”，英雄所见略同呢。

九

尽管“排排坐吃果果”这句话现在已被借用到职场里，成为按资历或一定的规则进行利益分配的专有名词，不过，它的原始含义并没有湮灭，在幼托行业，依然是个带有“行政”色彩的常用词，是小朋友们都听得懂的指令。

没有人会把“吃果果”理解为吃水果或吃点心（以前有些小点心常带着果字，比如米果；日本人把糯米做的小团子叫果子）。果，就是糖果的意思；果果，只是在模仿小孩的口吻罢了。

喜欢糖果并不是小孩的专利。

有位妇女找到圣雄甘地，希望他说服自己的孩子不要吃对身体有害的糖果。甘地对她说：“请下周再来。”一周后，这位满怀疑惑的母亲带着她的孩子来到甘地面前。甘地对那个孩子说：“不要吃糖果了。”他随即和孩子做了一番游戏，之后便拥抱告别。临走，孩子的母亲忍不住问甘地：“您为什么上周不说这番话呢？”甘地回答：“哦，上周我也在吃糖呢。”

很有意思！

自己不相信的东西却硬要人家相信，自己爱好的东西却硬要让人家不爱好，其结果等于零，或者暴露出了自己的伪善。甘地之所以令人尊敬，就在于不装。

不可改变的是，无论是小孩还是大人，其实内心深处是不拒绝糖果的，只是因为各种不利的因素给他们设置了障碍，才让他们收敛起来。

糖果是人人的朋友，对于有些人来说还是终生的朋友。人和糖果的友好关系，可以确认是在幼儿时代开始的。也许是天然生成，也许是通过无意识的训练，总之糖和人，关系紧密，超过了其他休闲类食品。如果我们需要安慰一个受了委屈的孩子，说再多甜言蜜语，也不及给他一颗糖。因为此时的糖果不仅仅成为最适合孩子口味的食品，还传递着友善的信息——一个无须过多语言解释却能非常准确表达意愿的信息。

历史上有不少事例显示孩子可能误读了这种信息而遭殃，但更多的则体现了人性的高贵。

第二次世界大战结束后，德国的柏林分成东西两部，西柏林由美英法托管，东柏林由苏联托管。1948年6月24日，苏联借故封锁了西柏林的地面交通，使外面的物资运不进去，以迫使盟军退出。于是引发历史上最大规模的空中运输事件。有一天，美国飞行员盖尔·哈佛森中尉的飞机在西柏林泰波霍夫机场降落后，他隔着铁丝网给机场附近的孩子们两个泡泡糖。自然是不够分，但孩子们所表现出的喜悦之情深深刺激了哈佛森，他向孩子们发誓："我会带更多的糖果来，并且会摇摆机翼，把糖果包在小降落伞里空投给你们。"第二天，哈佛森果然践行诺言。很快，哈佛森所在的飞行中队收到了大批给"摇翅膀叔叔""巧克力飞行员"的信。哈佛森被上司叫去询问。正当他以为破坏了军规，从此要扒下军装接受军事法庭审判时，上司却要他继续空投糖果，而且让其他飞行员也来响应他的行动。

哈佛森的善心被媒体广为报道，激发了人们对孩子们的同情，他们纷纷捐出糖果和手帕。西柏林的孩子几乎每天都能获得从天而降的糖果。这场空投糖果的温馨行动一直到"柏林空运"行动结束才终止。小小两颗糖果，成就一段佳话。

糖果是蔗糖的一个分支，是蔗糖的升华形态，虽然它们的用途是那么的不同。蔗糖，无论是已有上千年历史的甘蔗糖，还是只有两百多年历史的甜菜糖，最终的模样总是那样，岁月好像不曾雕刻它们；糖果则不然，从有"糖果"的名称或实物存在来看，变化很多，当然，其内核含有蔗糖这个基本元素是不可改变的。

可以想象，最初的所谓糖果不仅粗糙，而且还很勉强。公元前1500年的埃及人发明了一种"水果糖”——将锦葵根、坚果和水果混合，在篝火上烤至半焦后吃。锦葵根是一种微甜的植物，水果也是甜的，这些东西结合起来，就能叫“糖果”吗？也许吧，甜就有“糖”在，水果的“果”也有了，“糖果”之谓成立了。但是，你能同意吗？

好像是古罗马人最先利用蜂蜜来制作糖果，办法很简单：把杏仁用蜂蜜包裹起来，放在太阳下晒干就是了。这种叫糖衣杏仁的“糖果”，现在法国默兹的凡尔登地区仍在生产，而且完全采用古老的操作方法。

奇怪的是，茴香糖被认为是1650年才在法国勃艮第的Flavigny修道院出现。该种糖果由于价格昂贵，直到18世纪，还只有贵族才吃得起。有记载说，路易十四喜欢把茴香糖含在嘴里，许多18、19世纪有名的贵夫人（塞维涅夫人、蓬巴杜夫人、塞古尔伯爵夫人）都好这一口。尽管标着Flavigny产地的茴香糖十分有名，许多人对它的怪味道还是不能接受。为什么从糖衣杏仁到茴香糖，中间隔了那么长时间，时间好像停顿了下来？一千多年前，阿拉伯人发起征服西班牙的战争，他们的士兵所带的干粮是一种叫图隆的糖。它是蜂蜜、花生和杏仁的混合体，特点是携带方便、耐储存、高能量，因此是阿拉伯士兵在战时必备的食物。阿拉伯士兵称：“我们就是一边咬着图隆，一边打败西班牙的。”之后，西班牙人才开始模仿。可见，那个时候，还处在用蜂蜜制作糖果的阶段。因此我推测，上述这个区别，是因为蜂蜜糖和甘蔗糖运用于糖果制造所产生的时间差所致。

十

欧洲的糖果，其雏形与基本定型之间，前后相差那么大，似乎令人匪夷所思。其中原因，不是我们掌握的材料不充分，就是事实如此。一部中国的糖果进化史，也可以证明这是正常现象，但我们的脉络相对来说要清晰得多。

蜂蜜是我国先民很早就知道可以用来矫味的糖源，可是，我们很难找到蜂蜜被用来制成糖果的例子。当然，在糯米粉或面粉当中加入蜂蜜，做成甜品，是司空见惯的，比如秦汉以降出现的细环饼、截饼、髓饼、茧糖之类。南朝、隋唐的人把乌贼、螃蟹、鱼、姜用蜂蜜炼制，堪称另类。宋代的糖蜜韵果、糖蜜巧粽以及蜜饯橘饼、桃脯、梅子等，都是加蜂蜜的。尽管这样，我们还是无法将它们归入糖果范畴。

我以为，能够称为糖果的，应该是一种干固体，而且“糖”的权重必须大到占绝对多数。那种以糖为矫味特点的所谓“糖果”，都不是严格意义上的“糖果”，而是蜜饯或甜点。把锦葵根、坚果和水果混合起来，或把杏仁用蜂蜜包裹起来的“糖果”，都不能算数。

但是，饴糖的情况要明朗得多。

饴糖的历史真是太长了，虽然很多的饴糖带有调味料的性质，不可否认的是，它们中的部分产品，是可以称为糖果的。汉代刘熙《释名》曰:“糖之精者曰饴，形怡怡然也；稠者曰饧，强硬如饧也；如饧而浊者曰餔。”饴糖的三种形态中的第三种——餔，我很怀疑就是一种糖果。北魏贾思勰《齐民要术》中说，有两种干固体的糖，一种叫“餔”，一种叫“琥珀饧”。餔，是一种干固而不透明的糖；琥珀饧，则是一种经过过滤、熬得很稠厚、色如琥珀的干固体糖。餔，后来用于祭祀，北方人称为糖瓜，也叫关东糖；琥珀饧，被做成如棋子状的小块，后来被人们叫作牛皮糖——这是大家太熟悉的了。

南朝时期的陶弘景，在《神农本草经集注》“饴糖”条中说:“其凝强及牵白者不入药。”牵白，即把未干固的糖冷凝至坚硬状态，然后把它来回拉抻重叠，做成本白的、表面有微孔的干固脆糖。这种糖，我在云南丽江的大街旁、安昌古镇的河埠头，看见工人们操作过，丽江人称之为“姜糖”，安昌人称之为“扯白糖”。想不到它们的历史那么悠久。

无论是铺还是琥珀饧，抑或牵白糖，按照糖果的基本定义，是可以叫作糖果的。

吴自牧《梦粱录》卷六：南京、杭州腊月二十四日为小节夜，“不以穷富，皆备蔬食、饧、豆祀灶。此日，市间叫卖及街坊叫卖五色米食、花果、胶牙饧、箕豆，叫声鼎沸”。这里的饧、胶牙饧，都是糖果，既可用来祭祀，也可作零食。

顾偓《祀灶》引刘侗、于奕正《帝京景物略》，描绘明代北京腊月祭祖，有钱人“张宴布箦举灯烛，送神上天朝帝阍。黄饴红饧粲铺案，青刍紫椒光堆盆”，其中，“黄饴红饧粲铺案”，极尽糖果的丰富多彩之姿。

史料记载，宋代政府在福建、杭州等地设立制糖局，杭州还有“诸般糖作坊”，出售的糖果品种繁多，如轻饧、花花糖、望口消、玉柱糖、十般（什锦）糖、乳糖狮儿、饧角儿、糖丝线、韵姜糖、乌梅糖……软硬兼备。

不过，上述那些糖果，大概什九是饴糖所为。由蔗糖参与的糖果，情况要复杂些。

虽然中国是否为甘蔗原产地还有争议，但蔗糖从域外引进却是肯定的。东汉的时候，中国出现了沙糖和石蜜。这些都是甘蔗汁的固化形态，理论上可以说是糖果或糖果的雏形。汉魏时的曹丕，就拿掰成棋子状的冰糖吃着玩，还把它送给东吴的孙权显摆一下。唐太宗也好这一口，特地派员到印度学习熬糖技术。唐大历年间，四川遂宁人开始吃到把牙齿嚼得嘎嘣响的冰糖。这种风气也仅仅在上层社会或富裕人家流行。但实际上把这些冰糖当作糖果还是比较勉强。你想想，现在谁把冰糖看作糖果?

值得注意的是，唐代太和年间，洛阳有个叫李环的人，用沙糖、香苏、牛乳煎炼乳糖，由于质量上乘，被称为“李环饧”。

万历前期，人们吃到由砂糖、果仁、橙橘皮、薄荷等制成的“缠糖”，用白砂糖、牛乳、酥、酪等制成的“乳糖”，以及用冰糖、奶酪制成的“带骨鲍螺”。我估计这还是从唐朝传承下来的技术。明张岱《陶庵梦忆·方物》中还提到南方出现了一种淀粉软糖，如南京山楂糖。

最有意思的是，明代有的商贩把饴糖掺入蔗糖欺骗顾客，李时珍还提醒人们:“今之货者，又多杂以米饴诸物，不可不知。”可是，用淀粉糖（饴糖）杂以蔗糖，却和现代制造糖果普遍采用的方法合拍。明清时出现的粽子糖，正是它的产物。这是一个里程碑。

中国古代的乳糖、缠糖、山楂糖、粽子糖等糖果，和我们现在吃到的奶糖、牛轧糖、太妃糖非常接近了。

而在西方，差不多18世纪牛轧糖才定型；19世纪才制造出巧克力糖；1847年克劳恩夫人出版的《美国女性烹饪书》里刊出了椰子、柠檬和薄荷硬糖的配方，他们把这作为一个大事件写入编年史……相比较而言，中国人在吃的方面的智慧还是很高的。

十一

中国文献当中最早出现“糖果”名称，是在康熙四十六年（1707年），当时的苏州织造李煦将苏州特产“糖果”进贡康熙帝。这里的“糖果”，是否等同于现代的糖果，还不能肯定，但至少制造出了一个概念。

我们说过，中国粽子糖的出现，具有标志性意义。因为它是蔗糖和饴糖合作的标本，同时拉果仁（松子）入伙，更关注到糖果的形式感——粽子。这是前所未有的，而且影响深远，直至今日。

虽然我们不能确切地知道粽子糖究竟是什么时候出现的，但是，清同治九年（1870年）苏州采芝斋始创，据此大致可以推断粽子糖就出现在这个时间前后。据说苏州名医曹沧州从慈禧爱吃粽子糖并治病中得到启发，让采芝斋在粽子糖里加入一些药材和果仁，比如薄荷、玫瑰、松子、果仁等，既养生，又可口。在粽子糖的基础上，采芝斋又推出了玫瑰糖、梨膏糖、轻松糖、脆松糖、软松糖、桂圆糖等一百多个品种。

20世纪50年代，在日内瓦的一次国际会议上，周恩来总理曾用粽子糖招待国际友人，表现出了足够的自信。粽子糖和当时国际上流行的果味硬糖有得一拼，故被称为“国糖”。

显然，以世界糖果发展史观照，中国粽子糖的出现基本与潮流同步，堪比国外的水果（味）硬糖，否则，我们怎么好意思拿粽子糖来显摆？

但我们也要清醒地认识到，从19世纪到20世纪，国外的糖果，从特点到形态，发生了翻天覆地的创新，而我们的，则“故步自封”，少有变化（也许民间还保留着很有特色的糖果）。

在巧克力糖的版图和历史演变上，最能看出技术推动的作用，但它和中国没有半点关系。

可可是哥伦布从南美带回西班牙的。可是当时西班牙人只是把它当作利尿的药物。16世纪，另一位西班牙探险家科尔特斯深入墨西哥腹地，整个团队跋山涉水，筋疲力尽，陷于困窘之中。当地土著拿出囊中的可可豆，碾成粉，加水，用罐在火上烧，沸腾之后，再加入树汁和胡椒粉，送给他们喝。虽然难喝，奇迹发生了：科尔特斯和队友竟然振奋起来，精力和体力迅速恢复。

回到西班牙后，科尔特斯向查理五世敬献了这种神奇的饮料。不过，他并没有如法炮制，而是用蜂蜜替代胡椒粉和树汁，那就好喝多了。为此，科尔特斯还得到了国王的嘉奖，被封为爵士。西班牙人把可可饮料视为宝贝秘而不宣。17世纪时，一个意大利人偷到了配方，从此巧克力饮品风靡欧洲。有个叫拉思科的西班牙食品商人灵感突现：如果能把它做成固体形状，要喝的时候用开水一泡，不是更方便吗？他反复试验，浓缩、烘干、加蜂蜜，终于成功。考虑到其来自墨西哥的巧克拉托鲁，拉思科把它命名为“巧克力特”（chocolate）。不知是英国人还是瑞士人，发明了在可可饮料中掺入牛奶或奶酪，使得风味更为可口。尽管如此，它和现代的巧克力糖距离还很远，因为它不过是“固体饮料”而已。大概在1829年的时候，荷兰科学家豪威研究成功可可豆脱脂技术，使巧克力在色、香、味、形上达到了前所未有的水平，基本上奠定了我们现在吃到的巧克力糖的扎实基础。

如今我们吃到的各种巧克力糖，万变不离其宗，都是在可可的基础上设计的，当然，牛奶的参与也很重要。曾经有过一个例外。“二战”刚刚结束，可可一时短缺，费列罗公司创始人费列罗采用榛子代替可可，做成一种榛子果酱，受到欢迎。由于味道独特，后来被费列罗公司发展成多层式用料的巧克力糖果（中国国内完整的称呼是“榛果威化巧克力”）：外层缀满巧克力碎屑和果仁，里层含威化、软巧克力和一粒完整的榛子，每颗用金箔纸独立包装。那还是1964年的事。据说费列罗巧克力在西方并没有我们想象的那样风靡，它的主要消费对象竟然就是中国人。公司营销策略的着眼点在于中国人喜欢拿这种看上去昂贵的食品用于送礼，所以他们首先从中国的香港、台湾地区入手（确实，在港台的食品店里，费列罗永远放在商店门口最显眼处），然后成功地打入了内地（大陆）。

从西方归来的游客，旅行箱里必携的是做成各种动植物形状的瑞士牛奶巧克力或三角形的巧克力条（Toblerone），然而真正内行的人捎带的则是手工巧克力糖。在我看来，至少松露巧克力总要比“德芙”或“好时”更让我心仪。

花生牛轧糖应该是西方的发明（详见拙文《被牛轧的和被鸟结的》），目前以悉尼产的最为出名。其实中国台湾产的牛轧糖也相当不错，值得一提的是，须得看清是手工还是机制（当然以手工为佳）。此处不赘。

1848年口香糖诞生；1908年水果棒棒糖出现；1922年橡皮糖面市；1930年士力架巧克力棒推出；

1941年"只融于口不融于手"的M&M行销……我突然发现，前些年给小孩子买的"彩虹糖"，居然也是舶来品！

虽然拿不出足以影响和风行世界的糖果，不过，我国生产的酥糖（董糖、芝麻酥糖、花生酥糖之类）以及寸金糖、龙须糖、玛仁糖（由玉米面、小麦粉加核桃仁、花生、葵花籽、葡萄干、红枣等果脯及奶油、鸡蛋、玫瑰花等食材组合）等，都是挺好吃的，很适合吃惯了中国菜的国人吃着玩儿。它们一定程度上还具有点心的功能，恕我孤陋寡闻，这也许在世界上并不多见。

酸不拉叽

醋是没有对立面的，
我想不出醋的反义词
是哪个。

喜欢吃醋的人，
我从来也没有听见有人
会非常严厉地予以节制，
或绳之以法。

一

据说，曾经有一段时期，资深才女林徽因的家里聚集了不少教授、学者、作家，他们谈天说地，论道评学，俨然一个沙龙，名噪一时。大概有感于此，著名作家冰心将其敷演成为一篇小说，叫《太太的客厅》，自然带了点讽刺的意味。林才女知道后，若按她躁急的脾气，一定会毫不留情地予以反击，可这回并不声张，只派人给冰心送去了一坛醋……这件著名的文坛轶事真实性如何，好像也没有好事者去考证清楚。

雪中送炭，那是善行；隔空送醋，就只能说是恶作剧。虽然不乏幽默调侃的成分，但究竟令人不快。比上不足，比下有余，它比“送钟”这样的活儿确实要来得要好玩一点，所以完全可以入现代版的《世说新语》。

送醋，当然不是因为对方缺少调味料。不说地球人，大凡中国人都知道这里蕴含着一个心机，即不动声色地批评人家嫉妒心太重。

在汉语言文学里，醋的含义是明确的——表层的是酸，深层的是妒。

为什么醋就能影射嫉妒的状态？原因很单纯，是其中的酸的特性。有一句俗语叫“吃不到葡萄就说葡萄酸”。葡萄还没吃到，怎么能说葡萄酸呢？哎，这就对了！正是要这种感觉。试想，如果千辛万苦吃到了葡萄，即使是酸的，恐怕吃的人也不觉得酸，或不好意思说酸；如果没有一点希望，那可能就是“苦”的了。说酸的资格，应当在吃得到与吃不到之间。

其实，这也是醋的特性：既不够甜，也不够苦；既不够辣，也不够和；既不够咸，也不够淡；既不够浊，也不够清；既不够臭，也不够香……它就是一个中间状态。

所以，用醋来比拟嫉妒，非常准确。嫉妒是什么？它是指人们为竞争一定的权益，对相应的幸运者或潜在的幸运者怀有的一种冷漠、贬低、排斥甚至是敌视的心理状态。但它还没有到达实施破坏、摧毁对象的程度，因此没有罪恶感；而且，由于其具有好胜的元素，一定程度上还有点积极进取的可贵。这一点，是不是很像醋在所有调味品中的格局？

醋是没有对立面的，我想不出醋的反义词是哪个。喜欢吃醋的人，我从来也没有听见有人会非常严厉地予以节制，或绳之以法；而喜欢吃甜吃辣吃咸吃苦的人就没有那么幸运了，这些东西都有相当的破坏性，于身体有害，难免要被人劝诫几句。

调料当中，甜从哪里来？是从甘蔗、甜菜中榨出的。辣从哪里来？是从辣椒、花椒中炼得的。咸从哪里来？是从海水、矿井中提取的……酸又是从哪里来的呢？自然是从醋里生发的。可是，有个问题出来了：甜、辣、咸等，都是出自一种非常具体、直接的物质，而酸，却是出自一种经过一系列加工、催化、质变、萃取而形成的液体。这种液体的物质本原，已经看不到、摸不着，要比甜、辣、咸等的形成过程，多出一个环节。正是由于这个原因，酸，以及它的“母体”——醋，才显得很神秘、很怪诞。

我们暂且把醋的来源放一放，看看离开了醋，先人们是怎么解决调料中的“酸”的。

宋朝周去非作《岭外代答》，其中“花木门·百子”条中记：“黎朦子，如大梅，复似小橘，味极酸。或云自南蕃来，番禺人多不用醯，专以此物调羹，其酸可知。又以蜜煎盐渍，暴干收食之。”这段话里，出现了一些有意思的信息：在宋代，醋已经有了。文中的“醯”，就是醋的古代称呼。

其实，醋在汉乃至汉以前就有了，如《说文解字》中说：“醯，酸也。”可是，即使已经有了醋，宋或宋以前的岭南人也不用，而以黎朦子代替。

黎朦子，一种水果，亦作黎朦。清李调元《南越笔记·黎朦子》曰：“黎檬子，一名宜母子，似橙而小，二三月熟，黄色，味极酸，孕妇肝虚，嗜之，故曰宜母。”杭世骏《黎朦》诗：“粤稽《桂海志》，是物为黎朦。”可见这是南方的寻常物。《岭南采药录》提到它：“当熟时，人家竞买，以多藏而经岁久为尚，汁可代醋。”说得清清楚楚。最有意思的是苏轼《东坡志林》里讲一段佚事：苏东坡有个老朋友叫黎錞，为人木讷本分，被人称作“黎朦子”。苏东坡原以为这是指黎的德行，哪知道真有一种水果叫这名字的，市场上就有卖。后来苏东坡被发配到了海南，他发现住所的周围就种着黎朦子树，上面果实累累。

由此观之，黎錞之所以被冠以“黎朦子”的绰号，原来是取之于其中的“酸”，以影射文人的“酸腐”啊。尽管如此，苏东坡还是给予这位老朋友很高的评价：“能文守道不苟随。”

说了半天，黎朦子是什么呢？对，柠檬，或者说类似现在柠檬的一种水果。

二

用柠檬汁做烹饪上的调味料，这在现在是常见的，但似乎只限于在已烹饪到位的食材上滴注若干。原先我以为这是为了增加酸味或提振新鲜，其实并不是仅此而已。用这样的方法，可以消除腥味，吊出风味，也可促使肉类早些入味。我看过一位川菜大师写的文章，说到在翻炒鱼香肉丝时滴些柠檬汁，可谓别出心裁。

柠檬固然能够制造酸的氛围，毕竟不能取醋而代之。这就好比用西瓜汁来替代蔗糖，虽然好像都有甜的成分，其实区别很大。醋的功用是柠檬远远不及的。

有巢氏发明了房屋，燧人氏发明了取火，神农发明了草药，仓颉发明了汉字，杜康发明了酒……那醋又是谁发明的呢？传说是杜康的儿子杜杼。为什么是他？理由是可笑的。因为杜康是酒神嘛，家里一定要酿许多酒，而且子承父业。酿酒的时间和温度应该非常讲究。坊间有“好做老酒坏做醋”的说法，即老酒做不成了的话，那就顺势改做醋了吧。儿子技术不如老子，杜杼酿不成好酒，倒酿成了坏酒——醋。顺理成章啊。

确实如此，我曾经傻兮兮地问一位葡萄酒专家："您说酿制葡萄酒，节点掌握非常重要，如果过了头，那会怎么样？"他幽默地说："那就等着喝醋吧。"我想，这样的话，浪费倒是避免了，可制造出了那么多的醋，干吗呢？自己吃，哪里吃得完；卖掉吧，你又不是醋商，积压是肯定的，损失当然惨重。然而，我的担心是多余的，没有哪个酒窖会把酒酿成醋，除非有"敌对势力"在搞破坏。

李时珍《本草纲目》谷部类"醋"条，对醋有很详尽的描述："《释名》酢（音醋），醯（音兮），弘景曰：醋酒为用，无所不入，愈久愈良，亦谓之醯。以有苦味，俗呼苦酒。丹家又加余物，谓为华池左味。时珍曰：刘熙《释名》云：醋，措也。能措置食毒也。古方多用酢字也。《集解》恭曰：醋有数种：有米醋、麦醋、曲醋、糠醋、糟醋、饧醋、桃醋、葡萄、大枣等诸杂果醋，会意者亦极酸烈。惟米醋二三年者入药。余诜曰：北人多为糟醋，江外人多为米醋，小麦醋，不及。糟醋为多妨忌也。大麦醋良。藏器曰：苏言葡萄、大枣诸果堪作醋，缘渠是荆楚人，土地俭啬，果败则以酿酒也。糟醋犹不入药，况于果乎？"

仔细看的话，就会觉得很有意思，比如，醋可入药，醋的种类，做醋的材料，等等。其中提到“愈久愈良”“惟米醋二三年者入药”等，都在强调醋之越陈越好的特点。

说到陈醋，不能不提山西老陈醋。

山西人喜欢吃醋，所以那里流行的一些俗语特别逗，什么“老醯生性怪，无醋不吃菜”，什么“老醯不一般，一碗汗水半碗酸”，什么“老醯爱吃醋，缴枪不缴醋葫芦”，等等。“老醯”，读作“老西”，若有人这样写，就不对了。醯，即醋。老醯，老醋之谓也。《亮剑》里李云龙动辄称晋绥军长官阎锡山为“阎老西”（字幕显示），错，应该叫“阎老醯”。阎是“山西王”，山西特产陈醋，叫“阎老醯”，多生动！用地方名称或特产来指代某人，史籍中常见。

为什么山西人喜欢吃醋？原因据说是那里的土层特别深厚，碱性太重，要用醋来中和体内的碱。这算是个理由。不过，土层厚、碱性重的地方多得是，干吗唯独山西摊上了这档子事？确凿的证据是：“照民间一般习俗来说，媳妇娶进门，第一件事就是酿醋，用高粱、小米、麦芽糖作原料来发酵。山西省虽然家家都会酿醋，可是以祁县酿出来的醋最为浓郁芳烈。她们把蒸熟的麦麸子平铺在箩筐里洒上凉水，放在热炕上让它发酵，等生了一层绿霉，拌上熟的高粱米放入坛子里，每天不断地搅拌，次数越多越好，越匀越好，直到醋完全酿成，然后酿醋汁从底下洞口慢慢让它滴下来。放在陶制釉瓮里，任凭曝晒寒冻，愈陈愈好，豪富人家，存有百年以上的高醋，并不算稀罕事呢！”（唐鲁孙《酸溜溜的醋话》）此可见，地利虽好，到底不及人和更有说服力啊。

可是，镇江香醋同样克享盛誉，镇江又被视为“醋都”，难不成那里也是土层厚、碱性重？没听说过。据镇江人讲，他们做醋已有1 400年的历史了。事实上，真正使镇江香醋爆得大名的是1909年“朱恒顺糟淋坊”的醋参加南洋劝业会评赛，荣获了第一枚金牌。关于镇江香醋，有案可稽的史实是：1840年，江苏丹徒经营铁炭行出身的朱兆怀始创“朱恒顺糟坊”；1850年，朱氏易牌号为“朱恒顺糟淋坊”酿制香醋，这是镇江第一家醋厂，被认为是如今镇江香醋的真正起源地；民国年间，恒顺醋多次在江苏物产展览会、京沪铁道沿线评赛会、西湖博览会上获多种奖牌；1928年，它以闻名海内外的风景名胜金山寺外景作为注册商标。

镇江有“三怪”，叫“香醋摆不坏，肴肉不当菜，面锅里煮锅盖”。“三怪”当中就有两怪（香醋、肴肉）和醋有干系（肴肉不蘸香醋没法吃），可见镇江醋的群众基础也很扎实。

要论山西陈醋和镇江香醋有何区别，说起来只能从原始的地方着眼。一般是，如余诜所曰：“北人多为糟醋，江外人多为米醋。”北人，北方也，如山西；江外，南方也，如镇江。糟醋，以麦麸发酵为引子；米醋，以糯米发酵为引子。要说哪个更好？就看哪个吃得惯。吃不吃得惯，和人的生活环境有极大的关系。所以，南方人通常吃镇江醋，北方人偏好山西醋。

三

尽管选用的酿造材料有所不同，普通人对于山西醋和镇江醋的区别，不甚清楚。只有一点，它们的颜色差不多同样深沉，却是大家的共识。这在上海，尤其突出。我小的时候，大人差我去买醋，一定要加一句关照的话：“买米醋，不要买镇江醋。”在我们眼里，镇江醋是黑色的，米醋是咖啡色的，这就是“分水岭”，谁也不往深里想。其实，镇江醋和米醋都是用米来酿制的，以颜色来划分，很不通的呀。但毕竟，除了深褐色的那种醋之外，确实也存在一种看上去像琥珀、颜色偏淡又比较透明的醋，上海人管它叫“米醋”。

那么，是上海人弄错了啰？我要说的是：上海人没错。

上海人口里说的“米醋”，真有其醋。标准说法是“浙江玫瑰米醋”。这种醋，是中国“四大名醋”之一，它和另外三种醋——山西老陈醋、镇江香醋、四川保宁醋——的最大不同，就是透明，呈玫瑰色。有一种福建红曲老醋，色泽也较清澈，颜色则偏于棕色。

我有时也在怀疑，我们现在吃的米醋，也许只是打着“米醋”的旗号，没准儿是镇江醋的“舒适版”——降低酸度（醋酸的含量以百分比计，一般在5%—8%之间。2000年9月1日，我国发布食用醋总酸含量的标准，要求醋的度数不能低于每100毫升3.5克。市面上有标榜9度的醋，似乎太酸了），或增添辅料，或加勾兑，等等，也未可知。总之，生活中，有别于镇江的米醋是存在的，上海人吃蟹、吃小笼，常用。

我到贵州旅游，吃饭时，导游小胡见我到处找醋，就说：“小饭店里的醋怎么能吃？我们自己家里做的醋才好吃呢！”我十分疑惑：为了一点点醋，贵府竟然兴师动众，何必呢？小胡神情严肃地对我说：“您不知道，我们这里的醋叫晒醋，可好吃了，可惜您马上要走，否则一定让您尝尝。”晒醋是什么？至今我也不明白，但我相信，它肯定是一种极其与众不同的佳酿。民间深藏了许多不为人知的美食，只在很偶然的机会才为我们所知，这是早已为无数事实证明了的。

想不到醋也有很多流派，每个流派中的“祭酒”，可以说是代表了本流派的特点，比如：山西老陈醋，是高粱酿的；镇江香醋，是糯米酿的；四川保宁醋，是麸皮酿的；浙江玫瑰米醋，是大米酿的；台湾凤梨醋，是菠萝酿的；白醋，是醋酸兑制或酒发酵而成；而福建红曲老醋，虽然用的也是糯米，但还必须放相当数量的红曲芝麻。真是虾有虾路，蟹有蟹路，不过，条条大路通罗马——必须是醋，必须酸。

业界还有更富技术含量的分类：糙米醋、糯米醋、米醋、水果醋、酒精醋。它们和上述的食醋品种几乎都能对应得起来。

我们对于西方社会只是一个过客，或者居停短暂，缺乏比较深入的体验，总觉得他们的生活中是可以没有酱油和醋的。很大程度上，这种感觉是对的。这是由于中国人的生活和这些东西有着太紧密的关系，故对人家特别关注——缺，还是不缺。

在欧美，酱油极少，醋也不多，倒是味道如酱油和醋的杂糅——我们称之为辣酱油，还时有所见。但这并不足以说他们根本没有酱油和醋，尤其是对醋而言。

中国是醋的大国——各地有各地的醋，品种相当可观；同时，中国又是醋的强国——我们能够酿制出质量优良的产品，拿到任何地方去比都毫不逊色。这也让人们产生一个错觉，既然中国的醋力压群雄，那么就没有对手了。应该说，大致如此，却有例外，比如意大利的巴萨米克醋。

巴萨米克醋，一种在欧洲被视为极其珍贵的醋。珍贵到什么程度？比如，装这醋的瓶子是特制的，它可以精确地倒出每一滴传统的巴萨米克醋，绝不会浪费！

还有一个例子。对巴萨米克醋情有独钟的埃斯特公爵府，用木桶培养珍贵的醋。可1598年，公爵府所在地费拉拉被并入教皇国，埃斯特公爵的宫廷只好迁往摩德纳。公爵府把制醋技术和传统带了过去，醋厂就设在公爵府的西侧塔楼上（当地人酿醋都在自家的阁楼上，已经形成传统，因为接近屋顶，温度不如屋内稳定，随季节变化，这样能加速醋的成熟）。当年的皇帝维尔利奥·埃马努埃来二世和首相卡武尔到摩德纳巡视，在参观醋厂后，竟将这批珍藏的醋迁往意大利皮埃蒙区的蒙卡列里城堡。

再说一件趣事。1994年，有个中国学者在意大利艾米利亚-罗马涅区，一时冲动，花了一个星期的伙食费，只买了一瓶100毫升的特级传统巴萨米克醋。以致之后的一个月，他为了节省开销，一直吃令自己恶心的番茄肉酱。

巴萨米克醋最重要最耗时的工作，就是在木桶（须备从小到大十个木桶）里培养；从开始到上市，至少要花12年；在巴萨米克法定产区，现在每年的产量只有2 000升。你可以想象，那些存放了百年的陈醋的价值该怎么计算！

摩德纳生产大名鼎鼎的巴萨米克醋，同时，它也是法拉利、玛莎拉蒂跑车的生产地。在这点上，我们没法不“吃”摩德纳的“醋”。

四

我们平时形容自己复杂的心理状态，喜欢用一个成语——五味杂陈；又喜欢用一个俗语——打翻了五味瓶。所谓“五味”，一般说来，即甜酸苦辣咸，这是我们经常要尝到的五种味道。我听说过有人吃不惯甜，听说过有人吃不得辣，听说过有人吃不进咸，自然也没有人吃得下苦，可是，说自己吃不了酸的，倒是极为少见。

饮食当中的酸，主要来源于醋。醋在烹饪当中的作用是无处不在的。而且我还发现，单独用醋的极少。没有搭档的、纯粹用醋烹饪的菜，几乎不存在。那么醋和哪种调味料合作得最多呢？毫无疑问，是糖。江南人对此体会尤深。

糖醋小排，是一道非常家常的名菜，不光南方人爱吃，北方人也不例外。

这道菜的亮点在于糖和醋的比例恰如其分。“其分”，是指吃的人的口味，或说能够接受的酸度。一道菜，要烧得甜，非常容易——多加糖；要烧得酸，也不困难——多加醋。糖醋系列的菜，一定是有一点甜，有一点酸。大甜加大酸，无法让人接受。有些人喜欢糖醋偏甜些，这是无可指摘的，因为糖醋系列，说穿了是属于甜菜。但我觉得，倘若在比例适当的基础上，增加一些酸度，会更有风味。我是由感而发：我们现在吃到的糖醋排骨之类，甜得有些过分，到了“腻”的程度。每个人的味觉容有差异，过甜，却是不折不扣的通病。

另一味菜——西湖醋鱼，在糖醋安排上，就要比大路的糖醋排骨掌握得好。

西湖醋鱼，杭帮菜的代表。烧好这道菜的关键是，那条鱼不可油炸，而要在沸水中氽（三四分钟），或蒸（20分钟左右），或将鱼放进锅中，注满清水，煮滚后用小火焖（约10分钟），再浇淋醋、糖等调成的芡汁。上佳的西湖醋鱼，除了鲜、嫩外，还有一种特别的酸溜溜的风味。为什么要突出“酸溜溜”而不是“甜蜜蜜”，这和它的文化来源有相当的关系。

相传古时（应该是宋时吧）杭州有宋氏兄弟两人，长兄娶了个美女。当地有个恶棍赵大官人贪恋她的美色，就想霸占，竟将宋兄害死。叔嫂诉讼，哪知官府与恶棍勾结，不但不受理，反而要治宋家构陷之罪，必欲置之死地而后快。为避灾祸，宋嫂让宋弟赶快逃离。宋弟临行前，宋嫂给他烧了一碗鱼，甜酸兼及。宋弟就问嫂嫂：“今天的鱼怎么烧成这个味道？”宋嫂回答：“鱼有甜有酸，我是想让你这次外出，千万不要忘记你哥哥是怎么死的。你的生活若甜，不要忘记老百姓受欺凌的辛酸，此外也不要忘记你嫂嫂饮恨的辛酸……”

试想，西湖醋鱼若烧得不酸，岂不是有违宋嫂的初衷？

蒋介石最喜欢吃的菜里头，西湖醋鱼算得上“之一”。他最后一次吃正宗的西湖醋鱼，是在1949年1月被迫下野后，由汤恩伯陪同去赴时任浙江省政府主席陈仪在楼外楼设的宴席。虽说是最爱，但此时心酸和醋酸交集，老蒋怎么也吃不下。汤恩伯劝他“吃一点吧”，倒也算了；陈仪则拎不清，让蒋“想开点”。想开，那就意味着要蒋承认彻底失败。相信这时的老蒋不仅酸水横溢，而且酸中带苦，气就不打一处来了。老蒋的器量多小呵，这就注定陈仪日后没有好果子吃了！

西湖醋鱼若是烧得甜味过于突出，这则掌故就缺少“色彩”啦。

烹饪当中有个专门的方法，叫醋熘，指烧菜时加入适量的醋之后进行熘炒，代表作有醋熘白菜、醋熘鱼等。这是一道应该酸中带甜的菜，可现在被加了许多糖，变成更接近于糖醋的味道。这可不对。醋熘菜系里面，我最喜欢的还是醋熘土豆丝，简单、实惠、乐胃，又不失营养。如果不太讲究的话，家里刚烧好红烧肉、糖醋小排之类，锅都不用洗刷，土豆丝就直接下去了，一阵熘炒，然后醋、糖齐下，“割”到合自己的口味，便可下箸。醋熘菜，南方人喜欢，北方人也喜欢。在这点上，南北惊人的一致。

漫画家朱德庸著有《醋溜族》绘本，影响极大。在他的笔下，醋溜族的族群特征是：醋，是他们个性里一种带酸的元素，因此他们喜欢居高临下地取笑别人；溜，是他们处世态度上的一种滑溜的感觉，因此他们可以见风使舵般改变游戏规则。你还别说，这醋溜（性情）和那醋熘（烹饪），还真有点搭界。

醋和辣椒，合作的机会也很多。

鱼香烧法，是川菜的创造，没有醋的参与，“鱼”便无法“香”。

泡菜、辣白菜、酸辣菜，很多人会把它们看成一回事。其实没那么简单。泡菜的概念十分明确，是一种长时间存放并经过发酵的蔬菜，如四川泡菜、东北泡菜、韩国（朝鲜）泡菜，都是。值得一提的是，其酸度来自自然发酵而非外加的醋。辣白菜，有时被认为是泡菜的另一个说法，有时被认为是酸辣菜的另一个说法。那么，酸辣菜又是什么呢？如果真有一种有别于泡菜的辣白菜的话，它就是上海人熟悉的酸辣菜。酸辣菜和泡菜最大的区别，一是有腌的过程但不发酵，而且腌的时间不长，二是靠加醋来实现它的酸度。

令人不可思议的是，面食大都和醋有缘，吃个饺子、小笼、生煎、馄饨、煎饼等，蘸点醋，很正常；还有不少人吃面的时候总得倒点醋，哪里看得见有蘸酱油或糖或盐的呢？

苦口婆心

不吃苦，哪来甜？
小孩子如果懂得
苦尽甘来的道理，
大概不会那么倔强；
那么大人呢？
恐怕也和小孩子一样，
五十步笑百步而已。

一

坊间传说，新生婴儿三天之内是没有味觉的，此时，做大人的要抓紧时间，给自己的小宝贝吃下用黄连熬的汤，这样，小宝贝就可以解掉胎毒，以后不容易生奶癣、发疹子。倘若过了三天再吃，小宝贝开始懂得黄连是一样不好吃的东西——苦，便不肯就范了。

当初我的孩子出生，他妈妈如法炮制，可是小家伙的嘴，闭得比银行金库的门还紧；后来我们给他来硬的，"灌"进口去，可他坚决抵制，一口喷出……可知那么小的孩子，也是懂得吃苦不是一件开心的事。

不吃苦，哪来甜？小孩子如果懂得苦尽甘来的道理，大概不会那么倔强；那么大人呢？恐怕也和小孩子一样，五十步笑百步而已。可是我就没有听说过有人以“苦”为乐而拒“甜”于千里之外的。有些人之所以最终成为“糖友”，除了生理上有缺陷外，与过多摄入甜的东西（其中包括含糖过多的食品）大有关系。

然而，“不吃苦，哪来甜”，听上去好像很有道理，实际上颇有“形而上”的嫌疑。试问，没有品尝过苦的人，就不知道甜是怎么样的了？好像世界上根本不存在甜，甜是靠苦才讨得人家的欢心。真是笑话！

甜酸苦辣咸，所谓五味，大致涵盖了人能体察到的基本味道。就像三原色一样，所有人类说得出的味道，都是这五味“赋格”或“变奏”而来。依我之见，苦，虽然毫无疑问是一种味道，但这种味道并不是我们必需的，或不可缺少的。一个人，没有任何原因地只偏好吃“苦”而对甜酸辣咸不感兴趣，我很难不把他看作“怪人”。能够同甘共苦的人，我认他作兄弟，一点问题也没有；可是对于只喜欢吃苦味食物的人，即使被人骂为重色轻友、昆弟世疏，我也只能对他敬而远之。原因倒也简单：吃不到一口锅里。所幸，嗜苦如命的人，我至今还没有碰到过。

许多人不喜欢吃苦，是无可指摘的。从婴儿对苦的反抗，可知人类跟苦是反相关的关系。有道是“苦大仇深”，“苦”不大，“仇”就不深了嘛。但世界上苦的东西不存在了，并不会连累到甜、酸、辣、咸通统消失；同样，就算甜、酸、辣、咸都不曾存在过，天下也不会遍地尽苦。我绞尽脑汁想了又想，在我们生活的土地上，既可供我们食用，又是天然的、真正的苦，不多啊。有人会提到药品，没错，我也纳闷：药品为什么要做得那么苦？实在无解。通过推测，我们知道，几乎被我们认为苦的并可食用的东西，于我们的身体都有一定的益处。俗话说，良药苦口。自然，我们也可以叫良药不苦口，最简单的办法就是在药品外面裹上糖衣或者在里面掺杂一些矫味剂，虽然它们不能最终改变药品苦的本质。

在所有食材当中，苦瓜算得上名副其实。现在，原先土得掉渣的苦瓜俨然成为时尚食品。我看过北京卫视一档养生节目，里面有位老者，身患多种疾病，包括令人极为不爽的糖尿病。最后他靠了两个动作，解决或改善了问题：一是在地上爬，另一是喝苦瓜汁。

我在一个高档饭局上看到过苦瓜“高大上”的形象：分餐制嘛，自然人手一份；每人面前一盘冷菜，内中几样精致的小菜，比如红酒鹅肝之类，竟然还有几片苦瓜点缀其间。这在过去是想都不敢想的。

苦瓜还有一种做派：盛满冰屑的碗上，铺陈着几片苦瓜，看上去十分新鲜。那样的“待遇”，一般只有象鼻蚌、三文鱼、鲜鲍鱼等才配，如今却让前几年连黄瓜都要“鄙视”它的苦瓜风风光光地站上了“一线”的位置。

清代名中医王士雄说：“苦瓜青则苦寒，可涤热、明目、清心；可酱可腌。鲜时烧肉，可先洗去苦味，虽盛夏而肉汁能凝，养血滋肝，润脾补肾。”烹饪师和请客者深谙其理，之所以如此安排，用心之良苦，于此可见一斑。

同样的，一碗清汤寡水的莲子羹，变成了酒席上最为人称道的甜品。《本草纲目》曰，莲子，“交心肾，厚肠胃，固精气，强筋骨，补虚损，利耳目，除寒湿，止脾泄久痢，赤白浊，女人带下崩中诸血病”。几乎包治百病了。只可惜，我们在饭局上吃到的莲子，差不多都是通心莲——莲子当中最有价值的莲心被抽掉了，怪不得吃上去没有苦感。这也说明它的价值已经不大了，正好比奥迪装上了奥拓的发动机，徒有其名。

很多人喜欢吃百合，就是着迷于它微微的苦涩。《本草述》中说：“百合之功，在益气而兼之利气，在养正而更能去邪，故李氏谓其为渗利和中之美药也。如伤寒百合病，《要略》言其行住坐卧，皆不能定，如有神灵，此可想见其邪正相干，乱于胸中之故，而此味用之以为主治者，其义可思也。”有人拿到百合，第一件事就是不厌其烦，精心撕去外面的一层薄衣，以及头尖部的焦黑，以降低苦味。我不知道这层薄衣和焦黑有何作用，倘若由此而使百合变得苦味尽失，我想，百合的独特风味也就消失了，倒还不如咬白菜帮子来得爽快。更重要的是，这些让人讨厌的部分，很可能是好东西。

折耳根、蕨菜、香椿等，貌不惊人，都属于苦水里泡大的“娃”，可是它们风靡一时，道理和苦瓜相近。不少食用菌类或药芹的味道偏苦，人们却能“苦”中作乐，不能不说很有见识：吃得苦中苦，方为人上人——长寿啊。

二

常是这样，人们非常愿意把“甜”作为“苦”的反义词，比如“苦尽甘来”是个例子，“忆苦思甜”又是个例子。这就好比“白”，有的时候它的反义词是“黑”（黑白分明），有的时候就变成了“红”（红白喜事），一切按人们的理解运用。因此，像苦与甜、黑与白之类，我是把它叫作对应词的。苦的东西你去放点糖试试，看看是不是不苦了？照样苦，只不过苦里品出了甜的成分，给人以心理上的缓解和安慰。

任何两种不同的味道相遇，要想彻底“击溃”对方是不可能的，只能是调和，而调和的手段仅仅在占比上做文章。我们无法把一种味道变成与之完全不同的味道，而只能改变它的特点，以形成由两种或两种以上不同的味道调和成的新的味型。高明的厨师之所以令人尊敬，是因为他们掌握了各种味道的调和比例。当然，人对味道的耐受能力也是不可忽视的，苏州人对于甜，四川人对于辣，宁波人对于咸，山西人对于酸，都能欣然接受，这里面有经验和遗传的因素，其他地方的人就受不了。但总之，没有人真心喜欢吃苦。

世界上没有一种叫“苦”的调料。我们完全不必担心有人会给你“吃苦头”。然而，情况往往在不经意中发生：如果有一天，糖加得过分多了，盐加得过分多了，醋加得过分多了，辣加得过分多了，苦就不请自到。我们不是说“甜得发苦”“咸得发苦”吗？

“过”就是苦，饮食如此，日常生活何尝不是呢？

任何试图改变“苦”的性状的努力都是愚蠢的。它的危险在于想要的东西最终离你远去。举例说，让苦瓜向冬瓜靠拢。搞清楚，想吃苦瓜还是冬瓜？这对我们很重要。不喜欢吃那种味道，不去碰它就是了。

好了，我们何必纠缠于那些我们并不喜欢的事情呢！

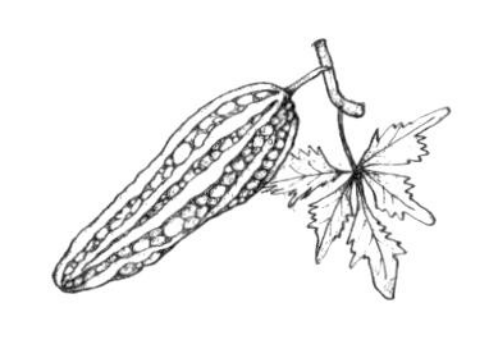

无辣不欢

中国人的吃辣史不算很长，
可是吃辣的广度、深度
都可圈可点，
尤其近二十多年来，
随着重庆火锅的风靡，
东南沿海城市一改不碰辣的习惯，
吃上了辣。

一

姚雪垠先生所作的长篇历史小说《李自成》出版后，引起很大的轰动，因为这是经历了“文革”时期之后中国文学界的重大收获。可是，正如看《红楼梦》，“经学家看见《易》，道学家看见淫，才子看见缠绵，革命家看见排满，流言家看见宫闱秘事”（鲁迅语），人们也从各个角度来解读《李自成》。其中有一位安徽读者看了这部小说，就觉得不对劲：李自成怎么吃起了辣椒？

这个细节，一般读者老早就放过了，可那位是个农学家，很较真，他的专业知识告诉自己，在李自成所处的时代，辣椒不可能出现在李自成的餐桌上。

学术界普遍认为，辣椒传入中国，是在16世纪末或17世纪初（1600年左右），而且是在广西、云南、贵州、福建一带传入。我查了一下，李自成是陕西米脂人，1606年生，1645年卒，他的活动区域大部分在中原地区，到最南边的恐怕就是安徽了。换句话说，没有几十年、上百年时间，辣椒要传到他的餐桌上，很难。

也有人认为农学家的推论不对，他拿出两部书来：一部叫《群芳谱》，1621年出版，上面写有“番椒”字样（番椒，即现在我们所说的辣椒）；另一部叫《遵生八笺》，1591年出版，该书《燕闲清赏笺·卷下·草花谱》里面提道：“番椒，丛生白花，籽俨似秃笔头，味辣色红甚可观，籽种。”两部书都是名著，好找。于是，它们让人产生了联想：既然1600年左右诞生的书已经把辣椒收入视线，没准辣椒早就流布四方了。怎么早法呢？是郑和下西洋时（1405年后）带回来的。

乖乖！整整提前了两百年。

这是我不同意的。辣椒如果是郑和从南洋带回来的话，那时的南洋有辣椒吗？国际公认，辣椒是哥伦布从南美洲带回欧洲，再传到亚洲的。哥伦布第一次踏上新大陆是在1492年10月12日，郑和怎么拿得到辣椒？

可是有人却拿出了证据——马欢，作为郑和出使南洋的随身通译（翻译），写过一本游记《瀛崖胜览》，里面说道："苏门答剌者，其地依山则种椒园，花黄子白，其实初青，老则红。"犹言所见为辣椒也。可是，依《遵生八笺》的说法，辣椒"丛生白花"；又，我生长在南方城里，不谙农事，没见过辣椒的原生态，但我在百度百科上查到的辣椒花，颜色也是白的。我怀疑马欢在南洋看到的椒，不是辣椒，而是另有所指。

还有一点我们必须知道，辣椒在欧洲起初一直是用于观赏的花卉和治病的药物，这也可以解释即使在现在，欧洲人对吃辣椒并没有表现出多大热情的缘由。传到中土时，辣椒起初也只是作为花卉和药物引进的。从观赏花卉到成熟食材的进化，需要有足够的时间，而且还要让李自成这一层次的人普遍接触到，可不是轻而易举的。

有个材料大概能解释李自成为什么能够吃到辣椒。20世纪70年代，人们在云南西双版纳原始森林中发现了野生型的小米椒，1993年又在湖北神农架地区发现了野生的黄辣椒。这就是说，中国很可能也是辣椒的故乡。可这又很让人困惑：李自成能吃到的野生辣椒，必定是寻常物，那么为什么现在却很难找到？是因为舶来辣椒把它击退了呢，还是它自我淘汰了？另外，李自成何必去吃这种"野菜"呢？他嗜辣的习惯是如何养成的呢？是什么时候养成的呢？为什么他的同时代人几乎没有吃上辣椒呢？

咳，问题很多，很复杂。

假使，姚雪垠先生能够出来说句话，把这些问号变成句号，问题不就迎刃而解了吗！

姚先生1999年弃世，其生前有没有看过农学家的质疑，我因为懒，不高兴去查；至于在其身后，那就更不用谈了。其实那些都无所谓。

好多年以前，我曾经看过一篇采访姚雪垠先生的文章，说他为了写《李自成》，看了十几遍《明史》，积累了几万张资料卡片，把明朝的典章制度、风俗习惯等摸得很熟。对此，我深信不疑。我们来看《李自成》第四十四章的一段文字："李自成平日自奉甚俭，吃饭不过是粗粮野菜，与老营士兵几乎完全一样，但是对牛金星和宋献策特别供给优厚，所以他并不约牛金星到老营同吃早饭，一进寨就同金星拱手相别。金星从怀中取出那个诛万安王的文告草稿，递给闯王，自回家去。闯王一进老营，便传令提前开饭。趁着亲兵们端饭时候，他把文告的草稿看了一遍，觉得很合他的意思，便交给高夫人暂时收起。早饭是红薯加小米煮的稀饭，柿饼掺包谷面蒸的窝窝头。菜是一碟生调萝卜丝和一碟辣椒汁儿。当时红薯才传进中国东南沿海地方几十年，传到河南更晚，很不普遍，所以这点红薯是几十里外村庄的老百姓特意给闯王送来的，表示他们爱戴闯王的一番心意……"

“红薯”一节，反映出姚先生的知识储备足够。红薯确实是由福建商人陈振龙于明万历二十二年（1594年）从南洋带回来的。我们暂且不论红薯究竟要花多长时间才能传到中国腹地河南、能不能马上传递到普通老百姓的餐桌上，只说和红薯几乎同时传到中土而且已经上了老百姓餐桌的辣椒（此为《李自成》中的描述），为什么没能在书里也成为老百姓“表示他们爱戴闯王的一番心意”呢？

结论是：姚先生疏忽了。他以为辣椒在明朝是一种很寻常的食材。可是，这只是他的想象。退一步说，即使那个时候中国确实开始出现了辣椒，那也和李自成的关系不大。

二

考古学家估计，早在公元前七千年，辣椒就在南美生长了，公元前五千年，美索亚美利加人（玛雅人）已经吃辣椒了。大概九千年前，墨西哥人开始驯化和栽培辣椒。墨西哥被认为是辣椒的故乡（一说圭亚那）。墨西哥人喜欢戴一种大草帽，有时帽顶被做成尖辣椒形状，显示了他们对辣椒有文化上的认同感。

在中国，谁是最早吃辣椒者呢？没法说清。

以前的那些典籍，多多少少涉及了辣椒，但我们不难发现，无论是《遵生八笺》《群芳谱》也好，还是汤显祖的《牡丹亭》（1598年，列举了38种花名）、陈淏子的《花镜》（1688年）、蒲松龄的《农桑经》（1705年）也罢，无一例外地把辣椒列入花卉类别。而且，令人难以想象的是，李时珍的《本草纲目》（1590年）里一句也没提到辣椒。《明史》里说李时珍“穷搜博采，芟烦补阙，历三十年，阅书八百余家，稿三易而成书”，可他居然把辣椒“遗漏”了，这能说明什么呢？

清雍正年间，坊间出现了一部专讲饮食的书叫《食宪鸿秘》，作者是鼎鼎有名的朱彝尊（一说王士禛）。在这部书里，辣椒被列为“香之属”的三十六种之一。香料，即现在的调料。

清乾隆七年（1742年），由鄂尔泰、张廷玉奉旨领衔编撰的综合性农书《授时通考》编竣，它的“蔬菜”部分，已出现了“辣椒”的身影。

根据现有的材料，就整体或单位人群而言，贵州大概是中国较早开始吃辣椒的地方。

康熙六十一年（1722年）的《思州府志》中说：“海椒，俗名辣火，土苗用以代盐。”按，思州，《辞海》谓如今贵州的属地。有记载说，乾隆年间，贵州地区大量食用辣椒；道光年间，贵州北部，“顿顿之食每物必番椒”；同治年间，贵州已经到了“四时以食海椒（辣椒）”的程度。

再看其他省份，乾隆年间，与贵州相邻的云南镇雄和地处贵州东部的湖南辰州府开始吃起了辣椒，但并不普遍。光绪时期的《云南通志》，有关辣椒的记载，竟然阙如，虽然这个时期的云南人民已经很会吃辣椒了。清代末年的徐心余在《蜀游闻见录》中称，他的父亲在雅安发现每年经四川雅安运到云南的辣椒，“价值近数十万，滇人食椒之量，不弱于川人也”。现在被认为的吃辣大省，如湖南、湖北、江西等，只有嘉庆时的文献提到过“种以为蔬”。道光末，吴其濬的《植物名实图考》（1848年）一书中才说到辣椒菜在上述地区“处处有之”。换句话说，它们相对于贵州，是比较晚的。

接下来，读者一定想知道的是，四川，这个几乎可以用来作为“吃辣”代名词的地方，情况又如何呢？很遗憾，它在年份上并不占优势。

雍正时的《四川通志》、嘉庆时的《四川通志》都没有种植和食用辣椒的记载；乾隆年间，有一部专门讲川菜的著作《醒园录》里面丝毫没提到辣椒，这可不是失误；现代著名川籍作家李劼人在《说成都，说丧葬》一文里列出其祖祭祀时的两份清单，一份是道光二十一年（1841年）的食物采购单，一份是同治元年（1862年）的宴席清单，所列内容，没有一样和辣椒有关。通常认为，四川人吃辣形成风气，是在咸同年间。清代末年，傅崇矩《成都通览》记载，当时成都各种菜肴达1 328种之多，辣椒已经成为川菜中主要的作料之一。又，徐心余《蜀游闻见录》记载："惟川人食椒，须择其极辣者，且每饭每菜，非辣不可。"徐珂在《清稗类钞》也称："滇、黔、湘、蜀嗜辛辣品。"这样算来，一向被认为是"吃辣大本营"的四川，它的吃辣史，至今也只有150年左右。

比较好玩的一个问题：为什么竟然是贵州成了"吃辣急先锋"？

我们知道，古时的中国，和海外发生贸易往来关系的，主要有两条通路：一是从西亚进入新疆、甘肃、陕西等地，即丝绸之路；一是经马六甲海峡进入南中国，从广东、广西、福建、浙江、江苏等地辐射出去，即所谓的海上丝绸之路。现在看来，辣椒来自海上丝绸之路的可能性为大。

既然如此，人们自然而然要问：辣椒可能最早登陆的那些沿海地区，如广东、广西、福建、浙江、江苏等，为什么没有成为吃辣的"重灾区"，而那些内陆省份，如贵州、云南、湖南、湖北、四川、江西等地，却如此嗜辣？

这是个有趣的问题。

为此，我特地打开了中国地图，发现：凡是重辣地区，都是紧靠沿海地区的内陆地区（只有两个例外：四川、湖北）。

这是为什么？

我推测：

1. 最初的时候，辣椒的一项重要功能，是“用以代盐”。沿海地区不缺盐，辣椒只能是过客，向相对缺盐的地区转移；贵州最缺盐了，所以吃得最辣（广西虽然沿海，但桂北如桂林、柳州明显比近海地区吃得辣，即明证）。

2. 还有一种可能，我到贵州旅行，发现那里传教士留下的痕迹特别多，是不是他们也担当了一部分“运输工人”的职责？

3. 贵州周边都被“重辣区”团团包围，无法“独善其身”而寻到突围之路（这在所有重辣区里绝无仅有）。

至于四川、湖北为什么也身陷辣中？四川与贵州、云南接壤，湖北和湖南、重庆接壤，君不闻“近朱者赤，近墨者黑”吗？这也就是四川、湖北之所以吃辣椒吃得晚的道理。

以此类推，生活、工作在陕西、河南等地的李自成那么喜欢吃辣，真是有点过分。

三

谁是中国最能吃辣的人？或者换一种问法：中国哪个地方的人最能吃辣？

有人编过一个中国人“吃辣指数”——

中国在饮食口味上形成了三个层次的辛辣口味地区，即：长江上中游辛辣重区，包括四川（含今重庆）、湖南、湖北、贵州、陕西南部等地，辛辣指数在151至25左右；北方微辣区，东及朝鲜半岛，包括北京、山东等地，西经山西、陕北关中及以北、甘肃大部、青海到新疆，是另外一个相对辛辣区，辛辣指数在26至15之间；东南沿海淡味区，在山东以南的东南沿海，江苏、上海、浙江、福建、广东为忌辛辣的淡味区，辛辣指数在17至8之间，其趋势是越往南辛辣指数越低，人们吃得越清淡。细分起来，吃得最辛辣的还是四川人（指数在129），然后是湖南人（指数为52），贵州缺统计资料，但估计与四川、湖南不相上下。广东辛辣指数最低，只有8。

对于这个材料，我颇有些意见：它把云南和江西这两个重要的“辣区”省略掉了。因为这两个地方是极具代表性的，正好比说起中国的“四大菜系”“八大菜系”，无论如何不能不提粤菜一样。更令人惊诧的是，贵州，由于“缺统计资料”，竟然使它的形象变得模糊不清，似乎是在“傍大款”（四川、湖南）。很不严肃嘛。

我不知道天涯社区里署名“大学上六年”的作者，是看了这个“吃辣指数”后表示不满呢，还是出于“谁不说俺家乡辣”的爱乡之情，竟然自己做了一个微调查，把和自己生活、工作有关的地区的吃辣现状都摸排了一遍。“由于业务的关系，我们公司主要的业务范围在南方，而且主要集中在广东、江西、湖南、广西、贵州、四川和云南这七省区，我也分别在这七个省区分别待了最少半年的时间。对于这几个省区的人的辣椒情结，有一些自己的理解。”他说。

在他的心目中，广东，“可以说非常不爱吃辣椒”；江西，“对辣椒的感情，有自己的独到之处，江西人其实也不怎么喜欢吃辣椒，他们喜欢吃泡椒”；湖南，“感觉长沙附近和湘西那一带的人吃辣椒要厉害一些，其他地方的人，对辣椒的态度也很一般”；四川，“确实也是出了名的爱吃辣椒，但是四川人的辣椒主流并不是纯辣，而是麻辣……对于纯辣味，四川人对此态度也一般”；广西，“对辣椒的态度是很地域化的，其中桂柳话区主要在广西的北部、中部和西部，这些地方的人吃辣椒也是相当厉害的，而白话区的人与广东的生活习惯几乎一致”；云南，“我在云南待了三年半，没看出云南人对辣椒有什么特殊的爱好，山区的人能吃一些，但是也不多”；贵州，“贵州人吃辣椒，我觉得是中国最厉害的，我真的感觉到，进入贵州，几乎就是进入了一个辣椒王国……只是这个省份宣传太少了，所以‘中国爱吃辣椒的省区’的头衔，一直被湖南和四川占着”。

作者最后得出结论：“如果全部平均下来，我心中的南方七省人对辣椒的喜好程度如下：第一，贵州；第二，四川；第三，湖南、广西；第四，江西、云南；第五，广东。”

这个排名是不是权威，恐怕会有争议，但毕竟，他还是说出了他的道理。

只是，最能吃辣的地区并不出产最辣的辣椒，多少有点出乎人的意料。

中国最辣的辣椒是在云南景颇族地区的涮辣椒。据测定，它的辣度至少是云南朝天椒的十倍，只要把它在汤里涮几下，汤就辣得不行（一只涮辣椒可反复使用多次）。

这里牵扯到了“辣度”怎么算的问题。

1912年，美国科学家韦伯·史高维尔第一次制订了辣椒辣度的单位。他的基本方法是：将辣椒磨碎后，用糖水稀释，直到察觉不到辣味，这时的稀释倍数就代表了辣椒的辣度。这个辣度标准就被命名为“史高维尔指数”。

那么，云南朝天椒的辣度是多少呢？一般是3万史高维尔。于是，我们可以知道，涮辣椒应该在30万史高维尔左右。

我记得2008年某日的《环球时报》报道过，英国多塞特郡一个叫“海洋春天”的农场出产的纳加辣椒，辣度达97万史高维尔！出品者米乔德夫妇称，这是他们无意当中利用一种产自孟加拉国的辣椒种子培育出来的，拿这种辣椒时必须戴手套，否则要被灼伤。最初他们还不知道自己的辣椒这么厉害，后来因为被人投诉“实在太辣”才意识到。报道说，多塞特郡的纳加辣椒想申请吉尼斯纪录，不知后来实现了没有。

我查到的“史高维尔列表”，上面显示世界上“最辣”的辣椒并不是多塞特郡的纳加辣椒，而是澳大利亚人培育的特立尼达蝎子布奇T辣椒，166万史高维尔，2011年初在悉尼以北约89公里的小镇莫里塞特培植成熟；紧随其后的是毒蛇椒，138万史高维尔，2011年在英国坎布里亚都郡的一个温室里诞生；第三是印度魔鬼椒，104万史高维尔。

据说，处理毒蛇椒的时候，身体必须处在上风位置，眼睛才不至于被刺痛。它的辣味，让离它很远的人闻到之后被辣出眼泪甚至昏倒！

我曾看过中央电视台播出的一档节目：许多自以为最能吃辣的人集聚于墨西哥参加吃辣椒比赛，最后都止步于一种辣椒。“不行！”参赛者纷纷在叫。我不知道那种辣椒的名字，但可以肯定的是，并非上面举出的那几个。

四

“不怕辣，辣不怕，怕不辣”，这是民间对四川、湖南、贵州三地吃辣程度的描述。这三个短语，意思差不多，本来分别套在三个地方头上，可是，三个地方的人为争“怕不辣”这顶桂冠，闹得不可开交，谁也不肯领受其余的两个封号。

一开始我还有点纳闷：三个短语，“半斤八两”，有何分别？仔细琢磨，似乎觉得只在语气上有细微的差异：不怕辣，是能吃辣的意思；辣不怕，是再厉害的辣也能吃的意思；怕不辣，是说自己承受辣度大，空间很富余，哪怕最辣的味道，不过是小菜一碟。看来，“怕不辣”气场最强，气势最足，气派最大，怪不得被三个地方的人都看中，敢情它有舍我其谁的王者风范啊！

中国人的吃辣史不算很长，可是吃辣的广度、深度都可圈可点，尤其近二十多年来，随着重庆火锅的风靡，东南沿海城市一改不碰辣的习惯，纷纷易帜，吃上了辣，能吃辣了，吃了上瘾。有个未经证实的传说：麦当劳总裁到中国区视察，发现此间的麦当劳卖得超好，就奇了怪了，心想，在美国，麦当劳不过是种快餐，填饱肚子而已，怎么漂洋过海，就成了美味佳肴了呢？看不懂。于是亲自品尝了一下：喔，好辣！这是美国的麦当劳根本没法比的，才明白中国区麦当劳的制胜法宝在于调味偏辣一些，以迎合中国顾客，尤其是青少年的口味。

不管这个传说有多大的可信度，中国的麦当劳确实做得比较辣，特别是那款鸡腿汉堡。我在好几个国家和地区都吃过麦当劳，印象深刻的是淡和凉，不够刺激。可见我这个南方土著的口味也被改造了。

四川、湖南、贵州谁能勇夺吃辣冠军，不光我说了不算，其他人说了也不算。不过，我也见识过那边的人吃辣的热火劲儿。

我有好多四川朋友，有的在上海待了十几年了，被上海同化不少，感觉他们并不是那种无辣不欢的主儿，我们随便在哪家餐厅聚餐，他们都随遇而安，从来没嚷着要加一份水煮鱼或夫妻肺片。现在想来，可能是人家客气罢了，因为有时在川菜馆吃饭，大家都在喊辣，他们只是笑眯眯的，一点没事，可见他们的“涵养”功夫极深。朋友中的一位企业家被那些四川人感染，被那些四川菜吸引，正好每年用于请客吃饭的招待费见涨，本着肥水不外流的理念，自己做自己的生意，干脆开了一家菜馆，而且是川菜馆！

生民兄是地地道道的上海人，生于斯，长于斯，但每每朋友聚餐，一定私下关照服务生：切盘辣椒来。还不忘叮嘱一句：要最辣的那种！我从没有见他因为吃辣而皱过一下眉头。令我惊诧万分的是：他吃菜泡饭，居然也要加一勺辣椒！朋友们好生奇怪，连四川朋友也买他几分账：他吃辣的本事怎么那样大？有一次他无意当中透露：自己的祖籍乃是四川，不过从小没有受过正规的吃辣训练，家里吃的和上海人没有分别。我暗想，所谓遗传，不光是智力、身体等，口味也不可忽视的吧？

东北人是正儿八经的北方人，应该能吃辣，事实上很多东北人能吃辣，但吃不了重辣。我有个朋友，女的，东北那旮旯的人，虽说是个演员，细皮嫩肉，有江南女子的范儿，但饭桌上就豪情万丈了：饮酒不在话下，吃辣更是吓人，不光每餐必辣，而且总嫌不辣。有几次在很正式的场面上，她从身边摸出一瓶（或一袋）“泰国小辣椒”，自得其乐，忘乎所以。其形其状，粹然一女汉子矣。更富传奇色彩的是，她告诉我，在沈阳上艺术大学时，还吃不得辣，有一天晚上做了一个梦：自己拼命吃着辣椒。第二天早上一醒，就觉得口中淡出鸟来，中午开饭，辣子入口，竟应对裕如。从此无辣不欢，而且是无重辣不欢！

我在贵州采访，旅游局的导游小胡陪同，好家伙，满嘴牙齿，斑斑驳驳。我问他怎么搞的。他开玩笑地说：“吃辣吃的。”我不信，看他抽烟厉害，就明白几分了。哪知碰到大部分贵州人，尤其乡下的，都和他一个德行：牙齿灰黄。我想也许真是那么回事。小胡告诉我，他曾在上海进修了半年，这可把他憋的——找不到好辣子。有一次在湖北路一家小饭馆吃饭，那家店居然没有辣椒，他是一口饭也吃不下，实在没法，他闯进厨房，软磨硬泡，讨得一头蒜，总算打发掉了一顿饭。

云南人虽然被排除在了“不怕辣，辣不怕，怕不辣”之外，人家在吃辣上面也是毫不含糊的。我们一帮朋友去云南，吃饭，“只拣不辣的上”，旁边一桌的当地人正相反，都是“只拣辣的上”。那边几乎没有不辣的菜，你不关照，他就给你辣。川菜大师张德善说过一件事，早些年他接待云南过来的客人，无论怎样重的辣，客人只是嫌不辣。后来实在没有办法，烧麻婆豆腐，人家用水生粉勾芡，他竟用辣椒粉加在水生粉内！这下客人心满意足，到位了。

湖南人吃辣吃得凶，早有耳闻，我身边不乏吃辣的“辣手”。不过，若要推选湖南吃辣队的种子选手，非毛泽东莫属。毛泽东宴请斯大林的特使米高扬，米高扬嗜酒，而这恰好是毛泽东的短板。毛泽东在饮酒上占不了上风，便让厨师炒了一大盘辣椒来，结果辣得米高扬涕泗横流，咳嗽不已，算是报了“一箭之仇”。米高扬说：“中国的辣椒太厉害了。”毛泽东见此情形，幽默地说：“在中国，不会吃辣椒就不是一个彻底的革命者，看起来米高扬同志不是一个彻底的革命家。”

有一次，开国上将杨得志请毛泽东吃梨，毛泽东嫌太甜，竟找人索要辣椒粉，将其撒于梨上后吃。这种吃法，空前绝后，一如他的传奇人生。

毛泽东在延安宴请美国记者斯诺，曾为客人唱过一首湖南民歌《辣椒歌》：“远方的客人你请坐，听我唱个辣椒歌哟。远方的客人你莫见笑，湖南人待客爱用辣椒。虽说是乡下的土产货，天天不可少依呀子哟……”这首歌，对辣椒没有感情的人是记不得、唱不好的。宋祖英唱过，她之所以唱得好，还因为她也是湖南人。

五

中国幅员辽阔。天高皇帝远，任何事情一铺开，难免走样；再与当地地理、环境、风俗及人的体质等一结合，不形成自己的特色才怪，其中尤以饮食最为突出。中国吃辣版图上的几个大省，吃的都是辣椒，但风格颇有些“割据”的味道，按现在时髦的说法，有浓重的“属地化管理”倾向。

从贵阳机场出来，迎面就是“老干妈”的巨幅广告。“老干妈”在贵州诞生，并不是陶华碧一拍脑袋就想出来的，它根植于贵州吃辣成性的土壤：“贵州八大怪”中的一条，就是“没有辣椒不成菜”。好端端鲜嫩的童子鸡，被辣椒上下夹击，左右包围，硬生生成了一道辣菜——宫保鸡丁。有人说：“这菜属于川菜。”这是想当然，我以为应该算在黔菜头上，因为发明此菜的丁宝桢是贵州人。口味决定菜品，是丁宫保带到四川的。还有一点，贵阳辣子鸡、古法宫保鸡等都是贵州名菜，宫保鸡丁当然属于这个序列。我在贵州吃过“豆花”，开始以为是豆腐脑，后来才知是一种拌面，极小的一碗，里面有肉末、豆豉、辣椒、蒜泥、姜末、花椒、香菜等，辛辣成分齐全，吃得我满口冒火。贵州（仁怀）人把它当早饭，每天挤在破旧的小馆子里吃得不亦乐乎。贵州有一句民谣："吃饭没酸辣，龙肉都咽不下。"还有一句："三天不吃酸，走路打蹿蹿。"这就注定了黔菜的辣带有强烈的酸劲儿，是故，人们把贵州的辣定性为"酸辣"，其中以糟辣脆皮鱼、酸汤鱼最具代表性。

贵州人喜欢吃全国独一无二的"煳辣椒"。这种吃法，看看就让人害怕：将辣椒切段，用油炸香，撒些盐，加些辅料之类，作下酒菜；或用它来烧鸡，即成另一道名菜"煳辣鸡丁"。

干锅居、黔香阁等，都是吃黔菜的名馆，似乎都有所谓的乌江鱼，不管正宗与否，辣中带酸，酸中串辣，是一定的。

郫县豆瓣出现在四川，同样也不偶然。做川菜不用它，味道就不正宗，川厨鄙之。郫县豆瓣是一种酱料，但不像江南人熟悉的豆瓣酱咸而鲜，而是辣而鲜。四川的辣，最大的特色是麻，麻辣。麻的感觉来自花椒。花椒在辣椒输入中土之前，是辣椒的替身。两种辛物抱团，焉得不刺激？能够代表川菜出征"辣场"的是麻婆豆腐、水煮牛肉、水煮鱼、毛血旺、夫妻肺片等，它们属于重辣川菜，除此，川菜有鱼香、怪味、陈皮、豆瓣等，多少都有辣椒的参与，谓之“微辣”。最能体现川菜的麻辣风味的，是水煮鱼，沉在盆底的是一片片白白的鱼肉，鱼肉的上面是一簇簇红红的辣椒，辣椒上面是一层层清清的沸油，沸油上面漂浮的是一团团灰灰的花椒，吃到嘴里，舌头像被注射了一针麻醉药，却欲罢不能，让人越战越勇，直至口里除了麻辣状态，没有其他感觉，非常神奇。

在上海，辛香汇、蜀府、巴国布衣、顺兴老茶馆都是著名的川菜馆，每天生意红火，其中以顺兴老茶馆最为高档，菜式也最齐。人们近悦远来，无非是冲着“辣”字而去。一般我对于辣还能凑合，但竟有两次被川菜的辣吓退的经历。一次是在重庆，吃火锅，那家没有“鸳鸯”一说，清一色红锅，不知放了什么品种的辣椒，要命的辣！硬撑了没多久，宣布缴械（筷）投降。还有一次是在上海，出版社的朋友在渝信设宴，请一些出过力、帮过忙的人吃饭。哪知满桌竟然没有一道微辣，都是巨辣，我才领教了什么叫辣，于是乃作壁上观，其他的人也比我好不到哪里去。尽管剩菜一大片，太浪费了，大家也不作打包计。散席后，我回家烧了碗泡饭充饥，同时对于请客的朋友腹诽不已：你这是请的什么客？存心不让我们吃好嘛！

六

湖南人最擅长豆豉与辣椒的合作。从前的湖南人，自奉俭素，除了节日，新鲜鱼肉都被腌腊。为了提鲜，豆豉起了很大的作用。因此，有人把湖南的辣，归结为鲜辣。

湖南有许多名菜，如祖安鱼翅、子龙脱袍（鳝鱼）、三层套鸭、长沙麻仁香酥鸭、牛中三杰（发丝牛百叶、红烧牛蹄筋、烩牛脑髓）、东安子鸡、腊味合蒸等，都不算辣。不过你总吃过剁椒鱼头吧？有的店里出品的，根本不辣，所谓剁椒，只是装装样子的，好看，尤其在那些没有湖南背景的餐馆。渐渐地，我对湘菜的辣，放松警惕了。有一回我吃湘菜，照例上了一道剁椒鱼头，因为熟门熟路，毫无防备，径自举筷就搛，但很快败下阵来：这是什么辣椒啊！真辣，嘴里像是被辣出了泡，喉咙像是被辣出了疮。由此，我怀疑市面上林林总总的所谓剁椒鱼头，败在辣椒也：店家搞不到顶级的辣椒，或一味迎合南方人的口味，就捣起了糨糊，使这道名菜大打折扣。

还有一次，著名篆刻家陆康先生在湘轩宴请杂文家司马心等一班人，在下叨陪末座。大家一直对这席湘菜颇多意见，以为湘菜变成了粤菜，不辣，没有体现出地方特色。临末，对辣味有所偏好的司马先生实在忍不住了，叫来堂倌，关照要上这般那般的几个湘菜，均被告知因为禽流感，不好侍候。司马先生大怒："我不管什么禽流感，你给我上那个辣子鸡胗、泡椒肥肠！"不一会儿，菜上席，吾等只一筷而知分量，纷纷歇息：辣得厉害！唯司马先生最硬扎，还对付了几下。不过未几，他突喊收场，并要求将辣子鸡胗打包。司马能吃辣是无疑的，至于能否善始善终，那就说不定了——湖南菜，还是辣滴，并非人人都可以安享，对司马先生这样善于"辣手著文章"的吃辣能手，恐怕也难以网开一面。

有个朋友一直搞不清湖南的辣究竟属于什么性质的辣，比如麻辣、酸辣、咸辣之类，就去问湖南土著："你们弗兰（湖南）的辣是神马（什么）辣?"湖南土著想了想，郑重其事告诉他："是辣辣！"他举出湖南名菜——红椒干炒青椒。那位朋友一尝，立马服帖。

到云南去，天罗地网般地遭遇到辣。如果吃到还能忍受的饭菜，并非幸致，而是被人看出你是不善于吃辣的客人，也许，还因你的朋友或导游向饭馆伙计嘀咕过了，手下留情。云南出产中国最辣的辣椒，坐实了那里是辣的王国。

电影《五朵金花》里的镜头：云南白族同胞结婚闹洞房有个仪式——烧干辣椒。据说在白族话里，辣椒的“辣”是发“亲”的音。烧干辣椒，就是“亲”新人，“亲”宾客。可以肯定的是，新人们、宾客们都是经得起“亲”（辣）的，否则断不敢凑这个热闹。

有人抱怨，在西双版纳过泼水节，景洪街上买个梨，卖梨的老太太会毫不吝啬地附赠一包辣椒粉。“蘸着吃啊！”老太太显得很自然。因为在西双版纳、文山、红河等地，人们用干辣椒下酒，用辣油拌米饭，用泡椒小米椒剁碎后下各种作料就是一道菜……是非常正常的。

我在云南见识过“云辣”。那里的人喜欢吃牛肉，外乡人到云南，见到菜单上标着“辣椒炒牛肉”总要点一份，可能他们心想：即使辣椒辣得吃不下，牛肉总是还可以的吧？试试看，牛肉被辣椒同化，让不专擅吃辣的人照样下不来台。在大理，一道迎宾菜——洱海鲫鱼香锅，看上去很美，吃上去很辣。几把干辣椒粉，再加些花椒、生姜、香油、干木瓜片，就制造出了“爱”（白族话里，人们把木瓜的酸、花椒的麻以及生姜的辣等刺激性味道统称为“爱”）。倘若当地人请你吃一道“亲亲爱爱”的菜，先千万别胡思乱想，接下来有够你受的辛辣味。

云南流传一个段子，说有人把“涮涮辣”（号称中国最辣的辣椒）用酱油和香醋泡后，骗自己的老婆吃了一口，哪知他老婆当即就跟他翻脸，最后居然闹离婚了——不带这么玩的，“亲亲爱爱”得有点过头了。

云南的辣，若用一个词来形容，那就是“死辣”。

七

江西人能吃辣，而且有瘾。华东地区可以和华中、西南吃辣的热乎劲头叫板的种子选手，非江西莫属。

老作家周而复在20世纪60年代曾陪秘鲁哲学家门德斯拜访毛泽东，亲耳听见老人家对于吃辣的“宏论”——

“你（指门德斯——引者注）说得对，四川人吃辣椒，不怕辣；江西人吃辣椒，辣不怕；我们湖南人吃辣椒，怕不辣！”毛主席又夹了一筷子往嘴里送，津津有味地说。

“吃辣椒三种态度，表现三种不同的性格。一般地说，寒带和热带的人喜欢吃辣椒，但我要补充一句，凡是喜欢吃辣椒的人，可以说，基本上都是革命的，就我们共产党和红军来说，当然也包括八路军在内，四川人、湖南人、江西人最多，现在的高级干部也大半是这三个省的人。所以我说，喜欢吃辣椒的人大半是革命的。”毛主席说到这儿，自己笑了笑，似乎感到这说法有些勉强。（参见周而复:《往事回忆记录》，《新文学史料》1997年第1期）

我注意到，在毛泽东的吃辣版图中，江西占据了重要位置。在“不怕辣，辣不怕，怕不辣”的指代地区上，他竟把贵州挤下了，而让江西坐了其中的一把交椅。

难道他对于贵州人吃辣的程度不够了解？哪里！红军长征，在贵州地面的活动最是有声有色。他之所以特别“关照”，恐怕和“革命”的联系过分紧密了。当然，江西人吃辣吃得猛，在国人当中有口皆碑，也让这个湖南人留下深刻的印象，否则，毛泽东再怎么为它“加分”也没用。

二十多年前，我随上海新闻出版界的一个访问学习团去江西，当时的江西省新闻出版局局长出来接待，规格不可谓不高，宴席也蛮丰盛，但给我的感受是，没有一个菜看得出它的主要食材是什么，一般总是四五样东西混在一起，比如炒石鸡，其中一定有辣椒。江西的南昌、景德镇、井冈山等地靠近湖南，饮食受湘菜影响很大，辣是不变的主题，除此，还有其他重辣区并不明显的特点——咸。所以江西的辣，有个说法，叫“咸辣”。

有个江西老表请我在一家江西馆子吃饭，老板是他们同乡会的哥们。考虑到在座的大部分人不擅吃辣，老板再三关照厨房“少放辣少放盐”，结果，上来的菜一道比一道辣、一道比一道咸。看我们有点架不住的样子，陪在一旁的老板坐不住了，冲到厨房去骂娘。几个菜出来，状况有所改变；可接着又是“故伎重演”。老板也只好摇头，不再兴师问罪，嘴里嘟嘟囔囔：“习惯了，习惯了。要改变手势，太难了！”

湖北与江西接壤，又与四川为邻，还和湖南呼应，因此，湖北人吃辣吃得凶也是名声在外。不过，在我的印象里，要找出典型的“湖北辣菜”，倒是一时为难。但是要找证据的话——我们总吃过“久久鸭脖”“精武鸭脖”吧，吃上去香，之后是辣，越香越辣，越辣越香，明知辣得不行，还要迎辣而上，断无放弃之理，这就是鸭脖的魅力。它是武汉人的发明，作为一种小吃，鸭脖原本是不应该弄得那么辣的，但是湖北人吃辣吃惯了，不做得那么辣，大师傅就没了方向。湖北的辣，人称“卤辣”。虽然定义得有点勉强，但就事论事说“卤辣”，最直观了，仅以鸭脖为例即可。

说了那么多的“辣”，有一个问题却回避不了：既然辣椒传入中国才几百年，那么，我们的老祖宗难道没有“辣”的体验了？

应该说，我们的老祖宗没有吃过辣椒，甚至不知道有一种味道叫“辣”，但这并不意味着他们没有吃过“辣”的实体物质。在“辣”字发明之前，乃至发明之后的很长一段时间，古人把吃过的“辣”，是叫作“辛”的。《楚辞·招魂》中有“大苦咸酸，辛甘行些”的句子，提到了我们通常所说的五味——甜酸苦辣咸。其中甘即甜，辛是什么呢？辣也。诸凡姜、葱、蒜、芥、韭之类，均属辛物。后来“辣”字发明了出来，这时的“辣”，也不是指辣椒，而是辣味，如姜葱等辛物。《本草纲目》引南朝陶弘景文曰：“芥似菘而有毛，味辣。”而此时辣椒还没影儿呢！直到辣椒输入中土，辣才比较明确地以“辣椒的味道”为基本味型。但我们必须知道，辣，并不仅仅指辣椒的味道，还包括了古人界定的“辛”的范畴。为什么现在人们喜欢说“辛辣”这个词呢？因为辛和辣，从前的意思接近，就好比快和乐、牙和齿。

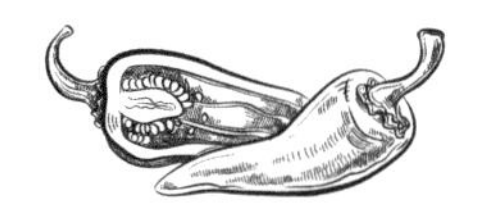

食品猩唇
调醢酱

在古代，
用肉做的酱、
用麦做的酱、
用豆做的酱，
形成了酱的三大品种，
它和现代人概念中的酱，
其实是一致的。

一

中国有句老古话：开门七件事，柴米油盐酱醋茶。其中的酱，不少人以为是酱油，这自然是不错的；若说仅指酱油，那大可商量了。

我小的时候，常常被大人差着做跑腿："去，到酱油店拷瓶酱油来！"于是踢踏踢踏跑到酱油店把事办妥。同时也产生一个疑问：为什么商店的牌招上写的是"第□□（数字）油酱店"而不是"酱油店"呢？实地侦察，哦，明白了大人口里说的酱油店，并非只卖酱油，还卖其他调料，比如醋，比如油，比如盐，比如酒，比如酱菜，比如各种辣伙酱、豆瓣酱、甜面酱……才理解，大人的所谓"酱油店"，实际上是"卖酱和油的店"。那么清楚了，除了卖非常明确的油，几乎所有的调味料，都在“酱”的麾下。如果你想把“七件事”里的盐、醋从“酱”里细分出来的话，没问题，“酱”还是有它足够的包容性，并非只是“酱油”的缩略词。

不必说1949年之前，就是在20世纪70年代，有些高墙深院的建筑，粉墙上面还隐约可见大大的圆圈里写着接近颜体的一个字——酱。这是一个、几个或几十个时代标志性的符号，说明这里是卖酱和酱制品的场所。遗憾的是，那样有特色的建筑，有一段时间成了七十二家房客“群租”的地方，更不幸的是被无情拆毁。

何为酱？《说文解字》上说：“酱，醢也。从肉、酉，酒以和酱也。”显然，许慎的时代，人们对于酱的认识，还停留在肉酱的层面。

肉酱是怎样发明的，许慎没有说。明代的张岱在《夜航船》里说：有巢氏教民食果；燧人氏始钻木取火，作醴酷；神农始教民食谷，加于烧石之上而食；黄帝始具五谷种；神农的独生子开始种庄稼，教民食蔬菜瓜果；燧人氏作肉脯；黄帝作炙肉；成汤作醢……“成汤作醢”，是说醢产生于商代。醢，就是最早的肉酱。其加工方法，《齐民要术》卷八第七十“作酱”条刊有详细的制法，看官须有耐心读之：“牛、羊、獐、鹿、兔、生鱼，皆得作。细锉肉一斗，好酒一斗，曲末五升，黄蒸末一升，白盐一升，曲及黄蒸，并曝干绢筵。唯一月三十日停，是以不须咸，咸则不美。盘上调和令均，捣使熟，还擘碎如枣大。作浪中坑，火烧令赤，去灰，水浇，以草厚蔽之，令坩中才容酱瓶。大釜中汤煮空瓶，令极热，出，干。掬肉内瓶中，令去瓶口三寸许，满则近口者焦。碗盖瓶口，熟泥密封。内草中，下土厚七八寸。土薄火炽，则令酱焦；熟迟气味好焦，是以宁冷不焦；食虽便，不复中食也。于上燃干牛粪，火通夜勿绝。明日周时，酱出便熟。若酱未熟者，还覆置，更燃如初。临食，细切葱白，着麻油炒葱令熟，以和肉酱，甜美异常也。”

肉酱，我们现在接触不多，它和“老干妈”和川湘的牛肉辣酱、猪肉辣酱，应该有所不同。

而我们知道的酱，除了肉酱，应该还有更广泛的含义，这从古代文献上就可以看得出来。《史记·西南夷传》中说:“南越食蒙蜀枸酱。”刘德云注曰:“枸树如桑，其椹长二三寸，味酢，取其实以为酱。美。”西汉史游在《急就篇》中说:“酱，以豆合面而为之也。”南朝陶弘景说:“酱多以豆作，纯麦者少。”元代熊忠所撰《古今韵会举要》说:“醢，肉酱也；又豉酱；又菜茹亦谓之酱。”明代张自烈《正字通》说:“麦面米豆皆可罨黄，加盐曝之成酱。”无论怎么说，至少在汉或汉后，植物类、谷物类的东西登堂入室，也被用来做酱了。

在古代，用肉做的酱、用麦做的酱、用豆做的酱，形成了酱的三大品种，它和现代人概念中的酱，其实是一致的。

李时珍《本草纲目·谷部·酱》对面酱和豆酱的分类和制法也有详细的交代："面酱有大麦、小麦、甜酱、麸酱之属；豆酱有大豆、小豆、豌豆及豆油之属。豆油法：用大豆三斗，水煮糜，以面二十四斤，拌罨成黄；每十斤，入盐八斤，井水四十斤，搅晒成油收取之。大豆酱法：用豆炒磨成粉，一斗入面三斗和匀，切片罨黄，晒之；每十斤入盐五斤，井水淹过，晒成收之。小豆酱法：用豆磨净，和面罨黄，次年再磨；每十斤，入盐五斤，以腊水淹过，晒成收之。豌豆酱法：用豆水浸，蒸软晒干去皮；每一斗入小麦一斗，磨面和切，蒸过黄，晒干；每十斤入盐五斤，水二十斤，晒成收之。麸酱法：用小麦麸蒸熟罨黄，晒干磨碎；每十斤入盐三斤，熟汤二十斤，晒成收之。甜面酱：用小麦面和剂，切片蒸熟，黄晒簸；每十斤入盐三斤，熟水二十斤，晒成收之。小麦面酱：用生面水和，布包踏饼罨黄晒松；每十斤入盐五斤，水二十斤，晒成收之。大麦酱用黑豆一斗炒熟，水浸半日，同煮烂，以大麦面二十斤拌匀，筛下面，用煮豆汁和剂，切片蒸熟，罨黄晒捣。每一斗入盐二斤，井水八斤，晒成黑甜而汁清。又有麻滓酱：用麻枯饼捣蒸，以面和匀罨黄如常，用盐水晒成，色味甘美也。”

二

肉酱、面酱和豆酱三大酱中，肉酱的含义最为复杂。虽然，像古代人提到的醓醢（肉汁酱）、麋臡（带骨的四不像肉酱）、麇臡（带骨的獐子肉酱）、蠃醢（细腰蜂制成的酱）、脾析（牛百叶酱）、蠯醢（一种狭长形蚌肉制成的酱）、蜃（大蛤蜊酱）、蚳醢（蚁卵酱）、豚拍（小猪肋肉制的酱）、鱼醢（鱼酱）、兔醢（兔肉酱）、雁醢（雁肉酱）等，现在少见了，不过，像海鲜酱、虾酱、鱼子酱、牛肉酱、火腿酱等还是看得到。只是，这些动物性原料做的酱，是否采用古法，却是一个疑问。据我所知，它们只是在谷物类做成的酱里掺和一些动物性原料颗粒罢了，并没有如东汉末年的经学大师郑玄所说的“作醢及臡者，必先膊干其肉乃后莝之，杂以粱、曲及盐，渍以美酒，涂置瓶中百日则成矣”（先将各种肉料加工处理成丁末状，然后拌上米饭、曲、盐，再用好酒腌渍，最后装进坛子里封存一百天时间后，才算完成）。用水果做成的果酱，确实也是酱，但已和烹饪意义上的酱大不同了。

真正被广泛应用的，是以甜面酱为代表的麦酱和以豆瓣酱为代表的豆酱。它们才是名副其实的调味品。在汉代，前人就提出了酱是“以豆合面而为之”的理论。

其实，判断一种酱是否属于烹饪意义的调味品，业内有个说法，即看它发酵或不发酵。一般说来，不发酵的，如由水产、畜类制成的酱或加料复合味酱（海鲜酱、虾酱、鱼子酱、牛肉酱、火腿酱等），由蔬菜、菌类等制成的酱（番茄酱、韭菜花酱、辣椒酱、芥末酱等），由水果制成的酱（草莓酱、苹果酱等），由奶制品等制成的酱（奶油酱、巧克力酱等），其作用主要是佐餐；发酵的，如黄豆酱（也叫黄酱、大酱、京酱等，由黄豆或黑大豆制曲发酵、加盐等制成，豆豉酱也可归入此类）、面酱（也叫甜面酱、甜酱、金酱等，以面粉为原料制曲发酵、加盐等制成）、蚕豆酱（又叫豆瓣酱，以蚕豆为原料发酵、加盐等制成），其作用主要是调味。

我曾在《八宝辣酱》一文中提到，上海人熟悉的甜面酱好像是从北方传过来的，这是基于甜面酱是由面粉制成，而面粉为北方主产的推测。松江的朋友任先生来电纠正我说：“甜面酱源自本地，松江有家老字号酱坊现在还在生产，当地居民至今也在自己家里做。”这当然是第一手的可信材料。在我小的时候，不要说农村，就是城里人，在三伏天里用一只大钵头，上面盖块纱布，做酱（俗称晒酱）。可是，我们怎么知道松江的甜面酱不是从外地传来的呢？比如绍兴是个历史极其悠久的地方，以三只缸（酒缸、酱缸、染缸）闻名天下，曾经酱园遍地，甜面酱、豆瓣酱等，恐怕都在它们的视线之内。我是绍兴人的后裔，几乎没有听说过是绍兴人发明了甜面酱、豆瓣酱。

我国的餐饮界，有“北酱南卤”的传统说法，它的意思很明白：酱的烹调方法盛行于北方，而卤的烹调方法盛行于南方。这里的“酱”和“卤”，是指腌制或烹饪方法，但酱和卤本身，也说明了其材料属性。一个简单的事实是，北方用面酱的频率和普遍程度，大大超过了南方，烤鸭用的、卷饼用的、火锅用的蘸酱……无所不在啊。河北保定的甜面酱、山东济南的甜面酱等，都是公认的名牌产品。

再说豆瓣酱，其自然是以蚕豆为主料做的酱。在上海，它与甜面酱互为掎角之势，但豆瓣酱这只“角”，明显比甜面酱短一点，因为它比较咸而稠且颜色深暗，掌勺的用得很谨慎。不过它有一个甜面酱够不着的好处：鲜。

一般人做炒酱或酱爆扁豆之类，甜面酱占了大部，豆瓣酱也总是不可或缺。郫县豆瓣酱是豆瓣酱家族中的翘楚。川菜大师在用豆瓣酱的时候，如果不用它，都不知道烧出来的菜是否还叫川菜。四川是种植蚕豆最多的省份，南方大部分地方都产蚕豆。可以认为，豆瓣酱是南人发明的。

实际上，我们能够看到的林林总总的许多酱，基本上都是甜面酱和豆瓣酱的混合体，只不过有比例多少的讲究而已。

前不久，有个皖南的朋友给我捎来产自郎溪的特产——闷酱（一听就是发酵的调味料）。一盒装有八小瓶（180克一瓶），分别是保龄菇、板栗、蚕豆、特辣、黄豆、鲜河虾、小麦、肉末。名目繁多，令人眼花缭乱，但底子就是谷物类的酱。据说它是基于当地独有的地理气候条件及特殊的发酵工艺制作的，号称取之于山民的原始做法。从前山里头人与大城市不通音问，照样能做各种酱，可见在“味有同嗜”观照下，“英雄所见略同”是正常的。

看它品种那么多，我曾想用来下粥、泡饭或抹在饼上吃，但都不行，味道太咸，且缺少实际内容。后来用它来做炒酱，哎！味道好得不行。

看来佐餐的酱和调味的酱，分工不同，不可乱来。

我们认识的酱，应该是“三足鼎立”的，除了肉酱，面酱、豆酱算是两足，其中的豆酱，还应包括黄豆酱，也称黄酱、大酱，这是不容忽视的一支。自古以来，豆酱一直是中国酱的主力，而其中的黄豆酱（包括豆豉酱），是主力中的主力。中国东北、华北等地是大豆主要产地，这些地方一直保持着做黄豆酱的传统，而且还影响到了邻国日本和韩国。

三

当名目繁多又时尚奇特的酱，在祖国各地大行其道并开始渐渐改变有些人的饮食习惯时，东北人对于大酱的热爱和忠诚，一仍其旧。

大酱，一种由纯黄豆发酵而成的酱类。和做豆瓣酱等一样，它也需要经过煮晒，但过程略有不同：黄豆煮熟，待汤汁收干，熄火，焖至次日，豆呈红色；搅碎，码成砖形立方体（称为酱坯），放在室内阴凉通风处晾干，使每个面都干燥（芯子可能还湿软），需三至五日；待到里面基本干了，用一层牛皮纸包裹着放一段时间，让它自行发酵，直到长出绿色的毛；等到农历四月十八或二十八开始下酱的时候，去掉包装纸，把晒好的酱坯放入清水中仔细清洗，刷去一切不洁之物，包括纸皮；切成小块，放到坛子里；随即将大粒海盐按二斤豆料、一斤盐的比例用清净的井水充分融化，去掉沉淀，注入缸中，水与碎酱坯大约是二比一的比例；用细纱布蒙在坛口，再放在太阳底下晒，让它发酵；每天还得用耙子捣搅，此时会出现一些泡沫，撇去，等到酱发（酵）能吃的节点，酱就会变得很细腻。

大酱是东北人的性命，特别是农村，不可一日无此君，每餐必吃。

我有个东北朋友在上海郊区某工业园区工作，几年前的一天，他突然跟我说起其侄女考进了在杭州的浙江省某机关的公务员。恰好我跟这个机关的一个处长有些拐弯抹角的关系，他便拉着我去杭城拜访一下，说是“小姑娘一个人从大庆考到南方，独自生活，要请领导多多照应”。那天我看他提了个脏旧的破袋子，就有些嫌弃他。他跟我解释：“这是大酱，带给侄女。哎呀，咱东北人离不开它啊，一天不吃，心里就发慌。”他要分给我一些，我婉拒了，不是歧视，是不知道咋办：如果已到了酱发的阶段，东北人多是用生的蔬菜等蘸着它吃，我们没有这个吃法；如果还在酱坯阶段，接下去，在东北人那里驾轻就熟的活儿落在我手里便是麻烦，便是遭罪。我看他什么都没带，只带了一袋大酱，就明白了这个“礼物”的分量。

现在，“哈日”“哈韩”的小青年不少。试试看，请他们吃东北大酱，恐怕其多半敬谢不敏，甚至逃之夭夭；倘若改以日本味噌汤或韩国大酱汤，情况就大为不同。殊不知东北大酱和日本味噌酱、韩国大酱，几乎没什么两样。这真是一个令人哭笑不得的讽刺！

回到开头。柴米油盐酱醋茶，开门七件事。按现在的说法，酱，就是以豆类、小麦粉、水果、肉类或鱼虾等物为主要原料加工而成的糊状调味品了，那么，酱油不是被排除在外了吗？谁说的？“七事”中的酱，自然包括酱油了。

酱和酱油，好比皮毛的关系。酱是皮，酱油是毛。皮之不存，毛将焉附？酱油从何而来？从酱中取出。“取出”一词，说来简单，其实大有讲究。

常见的有三种：低盐固态工艺、浇淋工艺、高盐稀态工艺。看上去很专业，其实，获得酱油的途径，不外乎泡淋和压榨酱坯。从前农家做酱油，方法也差不多，没什么神秘可言。

深色酱油和浅色酱油究竟有何区别，这是人们有点迷惑的。一得看酱坯是用广式高盐稀态法还是日式高盐稀态法发酵。一般说来，“广式高盐”采用常温发酵，自然晒制，风味一般，而颜色较好（适合做上色酱油产品），但受发酵设备及天气影响较大；而“日式高盐”采用保温、密闭、低温发酵，发酵周期较长，颜色较淡，风味香浓，适合做生抽、味极鲜等酱油，但投入相对较大。二得看彼此的渊源，比如老抽是一种浓色酱油，但它是在生抽的基础上加焦糖色，经过特殊工艺制成的。

改革开放以后，访日归来的人通常要带些日本酱油回来，据说质量怎么怎么好；而人们在吃日式料理时，又以日本酱油为不可或缺之物。这就给人一个印象：孔子老早就说过的“不得其酱不食”，大概指的是日本人吧。

然而这是不确的。日本著名作家陈舜臣在《美味方丈记》中说：“盐与胡椒——不论哪家西餐厅都会备有这两样调味料，简直就像双胞胎一样，放入相同的容器中。如果是玻璃容器，装胡椒的瓶稍呈灰色，很容易分辨出来。如果是塑料瓶，或是典雅的木制容器，由于看不见里面，就不知道哪个是盐，哪个是胡椒。这时，只要再仔细看看，就能发现某个地方标有英文字母。大写字母S代表盐，P代表胡椒。中餐里与西餐的盐和胡椒相当的东西是酱油和辣椒。也许可以说，酱油和辣椒正是中国饮食生活的基础。酱油和辣椒各放在小碟子里，可以供人自由取用。日本是不是好像没有与之相当的东西？酱油也基本上是做菜的人在厨房里调味时使用。芥末和酱油倒是会随着生鱼片一起上，不过也并非什么料理都会用到。这么一想，日本似乎没有像西餐的S和P、中餐的酱油和辣椒那样的‘餐桌之友’。”

陈先生的话自然是权威。难道你认为自己比他还了解日本？

中国人的“餐桌之友”之一，是酱或酱油，这是毫无疑问的。“酱文化”也是近些年来我们一直在研究和推动的，但是，像被柏杨先生痛诋的所谓“酱缸文化”，却要远离。

油而不腻

「一室之不治，
何以天下家国为？」
我们连
比猪油更加「糟糕」的食材
都照单全收，
又有什么理由把人家
猪油贬得一无是处！

一

很长一段时间以来，被“批斗”、被鄙视、被唾弃，弄得名声极臭的猪油，最近在网上突然“冒泡”了。有人不吝赞辞，给猪油“平反”，甚至喊出“放弃猪油，导致国人健康每况愈下”的惊人口号（参见马冠生:《国人健康每况愈下与猪油有关?》，搜狐网，2016年1月12日。马冠生，北京大学医学部公共卫生学院教授）。

现在，市面上大肆吆喝的，出于商业利益驱动的占了多数；替猪油出头，算是哪种来路？明摆着的是，如果有人倒贴钱或白送，让你获得一罐猪油，你会认为他是真心实意地对你好吗？一般不会，因为猪油在人们的头脑里早已恶名昭著，成为食材中的“毒药”。尽管如此，我敢大胆推测，如今的中小学生，乃至于大学生，没有看过猪油“长”什么样儿的，是大比例的。

没有见过猪的模样可能极少，没有吃过猪肉的恐怕不多，但没有见过猪油的自然也在“少”的范围内。

肥牛、肥羊，听上去绝不让人有牛油、羊油非常多的感觉，反而令人对于牛羊的茁壮产生憧憬；对肥猪而言呢，就完全不同了。肥猪让人产生的第一个联想，是它的膘，很厚、很腻、很油。什么是膘呢？饱含油脂的肥肉，也就是动物的油脂，叫膘。这个“膘”字，在百姓日常生活当中，基本上排斥了牛羊，只指一样东西，即猪的肥肉部分。

王公贵族、贪官污吏，搜刮民脂民膏。这是我们以前常常讲的一句话。什么是脂，什么是膏，古代人有严格的规定，《说文解字》:“戴角者脂，无角者膏。”意思是长角的动物，比如牛羊，它们身上的油，称为脂；不长角的动物，比如猪狗，它们身上的油，称为膏。又，《周礼·考工记·梓人》:“天下之大兽五：脂者、膏者、臝者、羽者、鳞者。”郑玄注疏道:“脂，牛羊属；膏，豕属；臝者，谓虎豹貔螭，为兽浅毛者之属；羽，鸟属；鳞，龙蛇之属。”因此，猪油就叫膏。郑玄在解释《礼记·内侧》所谓“脂用葱，膏用薤”时又说:“脂，肥凝者，释者曰膏。”也就是说，只有炼熬过的脂肪才能算得上“膏”，那就把“膏”又提升了一个层次。有意思的是，膏，由高和肉（月）

组合成字，意思是：炼熬肥肉时，浮在肉汤表面的油脂。这恰恰是我们做猪油时必须经过的程序。

成语当中还有一个词，叫“刳脂剔膏”。刳，从中间剖开再挖空；剔，把肉从骨头上刮下来。好像比“搜刮”两字更残酷。试想，剥削阶层连“膏”也要搜刮，还要“刳剔”，干吗？只能说明“膏”——猪油，在古代是很好的东西，和我们现在理解的，不太一致。

那么好的东西，过了几千年，怎么竟变成了千夫所指的坏东西呢？

我查了一下资料，归结猪油之所以名声欠佳的“罪魁祸首”有那么几条：

1. 高能量，进食过多容易造成肥胖。

2. 饱和脂肪酸含量较高，进食过多容易引起心血管疾病。

3. 每100克猪油含有100 mg左右的胆固醇，进食过多容易引起心血管疾病。

4. 香味独特，用猪油烹饪菜肴时可极大地提高人的食欲，从而引起肥胖和心血管疾病。

如果认为单凭这几条就可以把猪油赶出家庭厨房的话，我以为是反应过度了。弱弱地问一句：和猪油一样含有饱和脂肪酸的食品，真的已经被我们赶尽杀绝了吗？比如动物性食品：禽畜的肉和内脏等。我们需要知道的是，动物油脂并不代表饱和脂肪酸，以猪油为例，它含有的不饱和脂肪酸和饱和脂肪酸是一比一的比例；我们还需要知道的是，富含不饱和脂肪酸的植物油脂，以菜籽油、玉米油、棉籽油、大豆油等为例，其所含的饱和脂肪酸并不等于零。

再有，那些比猪油含有更多胆固醇的食品，真的都被我们扼杀在摇篮里了吗？我不相信。请看，每100 g动物类食品含胆固醇量超过100 mg的有甲鱼、大马哈鱼、鸡爪、鸡、肥猪肉、鲜贝、海虾、火腿、海蟹、黄鳝、鲫鱼、肥牛肉、牛油、肥羊肉、田螺、鸡腿、猪肚、奶油、鸡肫、河鳗、对虾、炸鸡；超过200 mg的有蝎子、扒鸡、墨鱼、河虾、鲍鱼、河蟹、鱿鱼、黄油；超过300 mg的有干贝、猪肾、鸡肝；超过400 mg的有虾皮、鲜蟹黄、猪肝、鸡肝（肉鸡）、淡菜；超过500 mg的有熟鹌鹑蛋、鸡蛋、白水羊头肉；超过600 mg的有松花蛋（鸭）、咸鸭蛋；超过1 500 mg的有鸭蛋黄、鸡蛋黄、猪脑……你敢说自己从不碰这些食材？

至于因为“香味独特”使人胃口增强而肥胖的指责，简直荒唐透顶。

“一室之不治，何以天下家国为？”我们连比猪油更加“糟糕”的食材都照单全收，又有什么理由把人家猪油贬得一无是处！何况，猪油能给我们带来的“福利”，十根手指还数不来呢。

二

人们常说，存在就是合理。那么，我们可不可以说，不存在就是不合理呢？我以为可，也不可。可，如恐龙，不存在了，因为生存环境变了，它适应不了，再在这个地球上跑来跑去，怎么说得过去；不可，如猪油，现在的家庭不给它一席之地，好像没有了存在的基础，不合理了，实际则完全不是这么回事。

这种谬误的产生，很可能缘于我们对它的认识有限，或以偏概全，错杀了它。

那篇为猪油平反的文章是这么说的："自从五四运动以来，中国人开始抛弃传统，接受西学，科学了，就把祖先的优良传统都抛弃了，比如说猪油，采用各种更加健康的植物油或转基因油，结果现在心脏病反倒成为第一大杀手。为什么以前食用猪油的时候，大家都很健康，买猪肉的时候如果给的肥肉少一点还跟张屠户急红了眼？现在人人都吃瘦猪肉，不吃肥肉，反而心脏病发病率还大幅上升呢？其中必有一些东西是不对的。"

上面的话，我以为可以商榷的地方不少，诸如，抛弃猪油，“采用各种更加健康的植物油或转基因油，结果现在心脏病反倒成为第一大杀手”“为什么以前食用猪油的时候，大家都很健康……现在人人都吃瘦猪肉，不吃肥肉，反而心脏病发病率还大幅上升呢”等，颇有“捧杀”的嫌疑，难道心脏病发病率的大幅上升，仅仅是由于不吃猪油吗？未免太绝对了吧。

不过，为猪油平反的文章还是说出了一些不太为大众所知的“真相”:“首先，猪油的性质是甘，微寒，无毒。它的第一个功能就是解毒，能够解斑蝥、芫青毒，解地胆、亭长、野葛、硫黄毒，诸肝毒”;“猪油的第二个功能是解五种疸疾，黄疸、谷疸、酒疸、黑疸、女劳疸，还有这几种疸疾带来的水肿。这五种疸疾，其中就包括了现代的癌症，所以癌症水肿用猪油也可以化解。因为猪油能够‘利肠胃，通小便，利血脉，散宿血’”;“还有以前说过的，孙思邈的经验方，猪油加人参，煎煮后，每天一勺，治老年痴呆症如神……”

上述言论，当然不是作者的发明，《本草纲目·兽部·豕》里就已记得很清楚，而且，“脂膏”（即猪油——笔者注）做药，还有很多妙方。我数了一下“附方”的篇什，居然多达二十九种！

提炼猪油是很有趣的过程，现在年龄在五十岁以上的人，对此应该记忆犹新：把切成方形小块的肥肉（不带精肉），放到热锅里煸炒，不消一会儿，油脂便从肥肉当中析出，等到油水漫到与肥肉齐，用小勺将猪油舀出或倾斜锅子将猪油滗出，倒在一只带盖的小瓷缸里（如此重复操作，直到肥肉化成渣滓）。此时，猪油还呈液体状，假以时日（实际只需半天，冬季更速），猪油就凝结起来，变得像蜡一样。

猪油的“形象”不错，仔细看，表面像本白的丝绸，泛着亚光，有些纯厚的感觉，又有些隐隐约约的透明。印材里有种石头，称作“猪油冻”，犹言像猪油那样细腻润滑，富有质感。一般人家就把盛猪油的小瓷缸，放在灶披间吊着的碗橱里，随时取用。也有人家率性而为，把它就搁在灶头边，甚至连一个像样的盖子也没有，用硬板纸遮一下。好像从来也没听说过猪油会坏掉（较多的情况是耗掉）。可能因为经常使用，猪油还来不及坏掉就被吃光了，当然只好“坏”在肚子里啦。这里头也不是没有技巧——猪油熬好后，趁其尚未凝结，放点白糖或食盐进去后密封，久贮不坏。

那个时候，猪油是俗物，在食油当中地位垫底：豆油、菜油，最后才轮到猪油。邻居家烧菜时突然发现没油了，就往隔壁人家灶头边的小瓷缸里挖一勺，即使不打招呼也不难为情。

事实上，大家都小看了猪油，严重低估了它的价值——不光是食用和药用上的。

唐鲁孙先生说过一件有关猪油的事：“早先北京没

有屠宰场，屠夫杀猪的地方叫汤锅，都集中在东四牌楼西四牌楼一带，汤锅除了杀猪之外，就是熬炼猪油。他们把熬好的猪油，倒在陶制大坛子里，做上年月记号，就窖藏起来，每年一过重阳，登过高，饽饽铺的大掌柜的就忙着进货了。这时候汤锅方面，同行公议的油价也挂上水牌（北平买卖家都有一块木质记事板挂在柜房，随时记事叫水牌），油价是年代愈久，价钱愈高，最久的有三十年以上陈油，虽然早晚市价不同，可是听说要比新油贵到十倍以上的价钱呢。不过这样陈年猪油价钱太高，每一家饽饽铺，每年也不过买上二三十斤而已。”

这是一段旧闻、趣闻，现在的人不很看得懂，因为我们对猪油太隔膜了。

三

猪油已然退出我们的厨房，但是，它完全退出我们的餐桌了吗？这个问题，我们暂且放一放。

据我所知，中国仍然是猪油的生产大国。奇怪！大家都不吃猪油，那它到哪里去了？至少有一半出口。难道外国人，尤其是西方人，对猪油就那么有兴趣？比较有力的证据是，西方人在西点里大量地用到猪油。不仅如此，有的西人习惯于把猪油像牛油一样涂抹在面包上吃。不用惊讶，牛油是牛的油，猪油是猪的油，牛油未必比猪油高明多少，猪油怎么不能抹在面包上吃？

一般制作酥皮类点心，都要启用猪油，比如叉烧酥、蛋挞等。

中国点心在猪油的运用上，视野宽广，得心应手，只是你不知道或不敏感罢了。

平时，我们吃年糕，常常要提到“猪油年糕”。是的，不掺猪油的年糕，是不香的。所谓糖年糕，大抵就是猪油年糕的另一种说法。清人沈藻采编撰的《元和唯亭志》里，专门提到“猪油糕”，其洁白晶莹，糯软润湿，油而不腻，故称其为“吴门佳制”。这种猪油糕的配伍，糯米粉、砂糖和熟猪油为1:1:0.5，可见猪油在里头所占分量不轻。酒酿饼（和流行于甬帮馆子、很有特色的酒酿饼完全不同）是很受欢迎的点心，它的馅料由板油去膜、切粒与砂糖混合，热吃的话，一股猪油的浓香喷薄而出，令人陶醉。

以“猪油”两字作为前缀的小吃，顶有名的要数宁波猪油汤团。其历史颇为悠久，宋元时代就有记载。水磨糯米粉、黑芝麻屑、绵白糖这些原材料是最直观的，只是，倘若没有猪油的参与，它就不配叫宁波汤团。我做过宁波猪油汤团，对于制作过程了然于心，认为其中最为关键的部分就是猪油。这是一个繁复的工作，把板油撕成一条条的，然后揪扯揉捏，使其变成油泥，又似棉絮。许多人之所以最终放弃自己制作，转从超市购买宁波汤团，几乎全因这道工序的艰难实在令人无法忍受和坚持。然而，宁波猪油汤团的美妙之处，就在于此。

人见人爱的葱油饼，假使不放猪油看看，我敢说它的受欢迎程度一定大打折扣。

现在，各色甜品店里少不了芋泥，有的弄得很烫，香气十足，这里边猪油功不可没：烫和香，均和猪油有极为紧密的联系。

猪油拌饭总是让人难忘。在台湾，猪油拌饭是曾经不富裕家庭的最爱；同样，在香港，猪油捞饭曾经也是很有号召力的美食，如今风头仍劲，新界的大荣华酒楼所产猪油捞饭，成了招牌，堪比鱼翅捞饭，许多食客近悦远来，一“膏”馋吻。从前上海福州路上有家专门吃菜饭的餐馆，所谓菜饭，实际上标准的叫法是“猪油菜饭”。喜好菜饭的人吃不出猪油的味道，一定大光其火，深表遗憾。

很难想象，古人吃猪油饭也是非常生猛的。《礼记·内侧》曰：“淳熬，煎醢加于陆稻上，沃之以膏，曰淳熬。”孔颖达为之疏：“淳熬者，是八珍之内，一珍之膳名也。淳，沃也，则沃之以膏是也。熬，谓煎也，则煎醢是也。陆稻者，谓陆地之稻也。谓以陆地稻米，熟之为饭，煎醢使熬，加于饭上，恐其味薄，更沃之以膏，使味相湛渍，曰淳熬。”意思是，煸炒好肉糜，把它铺在烧熟的米饭上；为了使这碗饭更加滋润，往上面浇几勺猪油，那就更加美味了。这碗饭，在战国时期，就是专门供天子享用的著名的“八珍”之一。

真是了不得！

苏州人吃得比较清淡。不过，老派的苏州人烧那里的特产——香青菜，一定要放猪油并哗哗地翻炒，时蔬的清香和猪油的芳香混在一起，极其诱人。其实，上海人何尝不是这样？从前塌菜上市，家里大人炒一碗碧绿生青的塌菜，也是多半要用猪油的，这样炒出来的菜，油汪汪的，显得生气勃勃，有一种新鲜蔬菜的“精气神”。食者见之，胃口大开，没等开席，忍不住先来一筷为快。

假如不健忘的话，上点岁数的中老年朋友逢年过节总做过蛋饺吧？对啊，做蛋饺需要备一块纯肥肉，每下一次蛋液前，得用肥肉将煎勺撸一遍，其意：一是避免粘底，二是增强蛋饺油性；更重要的，我以为还在添加食物的香味。

据唐鲁孙先生说：以前，“北京最负盛名的山东馆是东兴楼……灶头上大盆小碗调味料罗列面前，举手可得。最妙的是，仅仅猪油一项就有四五盆之多，不但要分出老嫩，而且新旧有别，什么菜应用老油，什么菜应用嫩油，何者宜用陈脂，何者宜用新膏，或者先老后嫩，或者陈底加新，神而明之，存乎一心，熟能生巧，仿佛在油上功夫运用到家，才能获得调羹之妙”。

此话绝非虚言。以上海人爱吃的生炒鳝丝为例，若用豆油、菜油或橄榄油等煸炒，口感肯定不够筋道，高明的厨师一般先把鳝丝过一下猪油，爆炒，然后进入豆油或素油翻炒环节，最后还得加点香油。

原先我以为这是江南一带的做法，看梁实秋先生的描述，才知道北方餐馆于此也不含糊："河南馆作鳝鱼，我最欣赏的是生炒鳝鱼丝。鳝鱼切丝，一两寸长，猪油旺火爆炒，加进少许芫荽，加盐，不须其他任何配料。这样炒出来的鳝鱼，肉是白的，微有脆意，极可口，不失鳝鱼本味。”可见英雄所见略同。要好吃，用好猪油是关键。

可是，我跟太太一提起猪油，她说“心里就翻”。无他，也许是我们告别猪油太久了！

零落成泥碾作尘

欧洲不产胡椒，
但胡椒似乎和他们十分契合，
不是因为胡椒的药用功能，
而是饮食。
在西餐当中，
胡椒粉好像呈现
不可或缺的样子。

一

如江兄的公子，负笈意大利博洛尼亚多年，每返，必有伴手礼送给我这个“叔叔”，令我惊喜不断，然而又受之有愧。最近他送我一件小礼品，是我最为中意的——一对用拉丝亚光不锈钢做成的香料瓶，沙漏形状，体量还不小，一只放盐巴，一只放胡椒，还配了一副搁架。其制作的精致程度，一点也不逊于一双菲拉格慕的名品。我特别要提一下的是，两只瓶里都有料——大颗粒状的海盐和胡椒。不用说，那对香料瓶自带研磨机关，到手就可以用。

这是我一直想要而冥冥之中一直错过的物品。有人说，美器配美食，但很多时候，有了美食之后，缺的恰恰是美器。胡椒瓶，家里有好多个，有的是超市买胡椒粉就配好的，有的是瓷器店买来后再灌进胡椒粉，还有的仅仅是摆设——一对细瓷做的优雅天鹅……令人烦恼的是，它们都不太好使，不是瓶口容易堵塞就是瓶口脏兮兮的，更不用说有自己动手研磨的乐趣。

很难想象我今后会操作这对来自时尚王国的香料瓶，将其打入冷宫是大概率的事情。理由也简单：如果那种大颗粒的盐巴和胡椒断档的话，那么，它们的作用就变小了。其命运，仿佛一部法拉利车模——只能看，不能开啦。

西方的餐馆，餐桌上的调味料一般配得较足。因为他们的烹调和我们不一样的地方，是厨师不会把菜肴的味道"割"到极致，而是留有余地，让食客自己调剂完成（中餐则一切由厨师包办定夺，一切以厨师的口味为准绳）。在林林总总的调味料中，有两样一定有，是标配：一是盐巴，一是胡椒粉。它们被分别装在两只瓶子里，一只瓶子上写着"P"，一只瓶子上写着"S"，以示区别。

P，是Pepper，即胡椒的缩写；S，是Salt，即盐的缩写。这说明西方人对盐和胡椒有一种偏好。再看看我们餐馆的桌上，也有好几样调料：盐、酱油、醋，或许还有油辣子（老干妈是不给的，太贵），基本没有胡椒粉。话要说回来，以前胡椒粉是绝不公开的，现在也只有少数餐馆摆放，且空罐现象不少。

从“胡椒”这个名字，可知它是舶来品。古人把凡是从西域传进来的东西都冠以“胡”字，比如胡琴、胡麻、胡萝卜、胡葱等。过去大家指责某人说话不恰当，会用“一派胡言”这个词，犹言其“乱说”“不着边际”。事实上，“胡言”的原始意思似乎指域外人说话，我们听不懂而已，不像现在那么贬义。胡椒之所以姓“胡”，我以为还与要区别于秦椒（四川胡椒，即花椒）有关。容我以后细说。

“胡椒”两字比较早地见诸中国古代文献的，可能是贾思勰的《齐民要术》中引晋代张华的《博物志》之“胡椒酒法”:“以好春酒五升；干姜一两，胡椒七十枚，皆捣末；好美安石榴五枚，押取汁。皆以姜、椒末及安石榴汁，悉内着酒中，火暖取温。亦可冷饮，亦可热饮之。温中下气。若病酒，苦觉体中不调，饮之，能者四五升，不能者可二三升从意。若欲增姜、椒亦可；若嫌多，欲减亦可。欲多作者，当以此为率。若饮不尽，可停数日。此胡人所谓荜拨酒也。”有意思的是，在张华的《博物志》里好像找不到有关“胡椒酒”制作方法的那段话，也许是伪托或出于别书。但此中提到的“荜拨酒”，倒是很值得关注。

荜拨，很容易让人想到胡椒的英文读音Pepper，有些人据此以为胡椒酒就是荜拨酒，也是可以理解的，但它们毕竟不是同一样东西。按，“荜拨，别名毕勃、荜茇、荜菝、荜拨。拉丁文名：Piper Longum Linn。胡椒科，胡椒属。被子植物门，双子叶植物纲，攀援藤本，长达数米；枝有粗纵棱和沟槽，幼时被极细的粉状短柔毛，毛很快脱落。茎细如箸，叶似蕺叶，子似桑葚，八月采，果穗可入药。产于云南东南至西南部，广西、广东和福建有栽培。尼泊尔、印度、斯里兰卡、越南及马来西亚也有分布”。这是现代植物分类学给它下的定义。再来看给胡椒的定义："又名：昧履支、披垒、坡洼热等，拉丁学名：Piper Nigrum L，属胡椒目，胡椒科、胡椒属木质攀援藤本；茎、枝无毛，节显著膨大，常生小根。花杂性，通常雌雄同株；浆果球形，无柄，花期6—10月。生长在年降水量2 500毫米的热带地区，生长期中间还需要一段干热的间隔时间，印度尼西亚、印度、马来西亚、斯里兰卡以及巴西等是胡椒的主要出口国。"（引自百度百科）查李时珍《本草纲目·果部·胡椒》:"风虫牙痛。用胡椒、荜拨，等分为末，加蜡做成丸子，如麻子大，每用一丸，塞蛀孔中。"他把胡椒和荜拨是分列出来的。综上所述，显然，两者既有相同之处，也有一些区别。这就好比几个人住在一间房子里，并不见得他们就是一家人，很有可能他们是群租的，彼此还不认识，但前提是，他们都是人而不是别的什么物种。

让我真正感兴趣的是，从前胡椒的用途和现在的很不相同。最直观的，古代多把它当作药材，或作酿酒的调料（比如如今的杜松子酒、马提尼酒）。在李时珍的《本草纲目》里，胡椒基本就是药引子，作为烹饪的调味功能并不突出。

二

中国古代药学典籍对于胡椒的描述颇多，即以含有“本草”两字的医书而言，有“衍义”“纲目”“经疏”“求真”“便读”“唐本草”“海药”“日华子”“蒙筌”“备药”等，大多集中在治疗寒痰、积食、反胃、泄泻、冷痢、脘腹冷痛、呕吐清水以及食物中毒……不光中国，在胡椒的故乡，比如印度，它也担当起了药材的功能。印度草药、悉达医学（起源于印度南部泰米尔纳德邦的传统医学）和尤纳尼（印度传统医学之一，源于希腊，通过阿拉伯医生的推动，在吸收中东及中国等地传统医学思想的基础上发展起来）三大传统医学的处方里，人们不费气力地可以查到胡椒的“身影”。公元5世纪出现的《叙利亚医学之书》里，胡椒被认为可以治疗便秘、腹泻、耳痛、坏疽、心脏病、疝气、声嘶、消化不良、昆虫叮咬、失眠、关节痛、肝病、肺病、口腔脓肿、晒伤、龋齿与牙痛之类。

奇怪的是，国外的不少古代典籍，居然有建议用胡椒（一般制成软膏）治疗眼疾（直接涂敷在眼睛）的记载。想想也觉得不妥：防暴器材里有一种胡椒喷雾，目的就是让人睁不开眼睛，用胡椒粉涂在眼睛上，岂不是胡闹？祖国传统医学明确指出：胡椒“多食动火燥液，耗气伤阴，破血堕胎，发疮损目，故孕妇及阴虚内热，血证痔患，或有咽喉口齿目疾者皆忌之……”（《随息居饮食谱》）又：“多食发疮痔、脏毒、齿痛目昏。”（《本草备要》）中医的博大精深，可见一斑。

胡椒只能在年降水量2 500毫米左右的热带地区，而且在它的生长期内还需要一段干热的日子。符合这一生长环境要求的国家是印度、印度尼西亚、马来西亚、斯里兰卡和巴西等。印度西南海岸西高止山脉的热带雨林，在公元前4世纪已有胡椒栽培。据说越南现在已经成了第一大胡椒出口国，地理位置合适，应该是其重要的筹码。可以推想，我国的南方都可以种植。令人难以置信的是，我国1951年才刚刚从马来西亚引种，在海南岛琼海县试种胡椒，1956年后，广东、云南、广西、福建等地区陆续引种试种成功，栽培地区扩大到了北纬25度。这就很有意思了，原来我们吃到的国产胡椒粉，只有六十年不到的时间。在这之前，吃的都是进口货！难怪从前饭馆里的伙计都把胡椒粉看得很牢，生怕别人肆意糟蹋。

欧洲不产胡椒，但胡椒似乎和他们十分契合，不是因为胡椒的药用功能，而是饮食。在西餐当中，胡椒粉好像呈现不可或缺的样子：无论是吃鱼还是吃肉，乃至蔬菜色拉，西方人喜欢稀里哗啦“乱”撒一气，否则不足以餍食者。大概正因为如此，欧洲人对于胡椒的占有欲，比亚洲人厉害得多。

古希腊人和古罗马人对于香料有一种崇拜，认为它们是极有价值和极为重要的东西。他们离不开香料，给几乎所有的食物添加香料。他们喜欢的香料中是否含有胡椒，很遗憾，我不太清楚。不过，当年（公元前408年）西哥特人（日耳曼的一支）围攻罗马时，定下一个规矩：一个俘虏的赎金是3 000磅胡椒。这说明两个问题：一是西哥特人把胡椒看作必需品，可以拿命来换；二是胡椒在罗马人那里也是好东西，不便宜。史料上，古希腊和古罗马还有征集胡椒作为贡品的说法，就是证明。

在古代欧洲，香料是名贵物品，胡椒更是。即使已经到了中世纪，有一个时期，一磅藏红花粉与一匹马等值，一磅生姜与一只羊等值，两磅肉豆蔻与一头牛等值，胡椒的身价更高，其价格甚至以单个干胡椒计量，人们可以拿着胡椒来充当货币，用它来交税交租。

为什么香料变得那么吃香？其中一个因素是，中世纪欧洲形成了一个风尚：烹调的食物当中都得加香料，而且还要看上去有一层浓浓的色泽。

当然，还有一个原因是阿拉伯世界控制着香料贸易，他们把价格定得很高。而威尼斯和热那亚正是靠投资香料贸易逐渐变得富有起来，为日后文艺复兴打好了坚实的物质基础。是的，很难想象这样大规模的文艺复兴运动会在十分落后和贫困的地区发起。

人们总是习惯于接受古代欧洲的航海家冒死探险，是为证明“地圆说”和开拓海外贸易的说法，比如获取东方的茶叶、丝绸、瓷器，于是“征帆一片绕蓬壶”了。事实上还有一个重要的动机，就是要绕开威尼斯、热那亚与阿拉伯世界的贸易协定（垄断胡椒等香料），寻找到一条能采购到包括胡椒在内的香料的线路。随后，英国和荷兰成功地开辟通向中国、印度等地的航道，其最初目的，也与香料贸易有关。1658年，荷兰与葡萄牙在锡兰（今斯里兰卡）开战，就是为了抢夺肉桂贸易主导权，结果，荷兰打败了葡萄牙，得以在巴拉马尔海岸和爪哇增加运输胡椒的港口。

现在想想，那时的欧洲人为了一点点胡椒不厌其烦，大开杀戒，真是疯掉了！

三

当吃牛排成为中国成功人士一个标志的时候，黑胡椒也进入了时尚领域。

这之前，人们对于胡椒的理解，只限于白胡椒。所谓胡椒粉，基本上就是白胡椒粉的代名词。

黑胡椒和白胡椒，在人们眼里是两个不同品种的胡椒。这是认知上的一个错觉。

胡椒是胡椒科植物胡椒干燥接近成熟或已成熟的果实。一般分两次采集。从秋天到来年春天，在胡椒果实由绿色渐渐变红时采下，经过烫煮、暴晒或烘干，此时胡椒果实的外表呈现黑褐色，取其籽，即黑胡椒，将带褐色壳的籽研磨成粉，就成了我们所说的黑胡椒粉；如果等到胡椒果实全部变成红色时采下，用水浸泡一段时间，待外壳软化后擦去，晒干，研磨成粉，就是白胡椒粉了。也许我们可以简单地说，所谓黑和白的胡椒粉，不像苹果，颜色的差异意味着品种的不同，它们在颜色上的区别，只是加工不同而已。

我们有所不知的是，除黑胡椒和白胡椒外，另有绿胡椒、红胡椒和黄胡椒。据说绿胡椒只是用速冻和盐醋泡制的办法取得的。如果在胡椒果实变成红色时采撷，并用做绿胡椒的保存方法运作，那就是红胡椒了。还有一种黄胡椒，可能因为外表偏向黄色，故名，实际上是白胡椒的另类，但气味香美超过白胡椒，较少见。

应当说，白胡椒是黑胡椒的深加工产品，价格要偏高些，可这并不意味着黑胡椒就比白胡椒低等一级。不同的香料，不同的用处。黑胡椒比白胡椒来得味浓芳香，比较适合那些纤维较粗的肉类。人们津津乐道于黑胡椒牛排而不是白胡椒牛排，也许就是这个道理。上海菜里有道极有名的菜，叫响油鳝丝。每当滚烫的鳝丝出锅装盆时，厨师照例要做的就是在一盆鳝丝当中挖个小坑，然后往坑里拼命撒胡椒粉，再将热油浇注下去，只听"嘶"的一声，热气和香气喷薄而起，"馋吻不待熟"，顿时令人馋涎欲滴。响油鳝丝用的胡椒粉，基本就是白胡椒。为什么不用黑胡椒？我推想，一是白胡椒味道相对温和，不会有喧宾夺主的坏处；二是它的气息刺激性更强，有利于减少黄鳝的腥味。

我从来没有见过有人在鱼头粉皮汤里撒黑胡椒的，能够想象的理由只能是为了不破坏那种牛奶般的色泽，或者还有不让黑胡椒的辛辣劲儿压过河鱼的鲜味。我发现，但凡汤菜，比如浙江人的砂锅鱼头汤、江苏人的肺头萝卜汤、西北人的羊杂汤……毫无例外地都会选用白胡椒。上海人吃白汤切面、鸡鸭血汤乃至小馄饨，放点白胡椒粉调味也是司空见惯的。而在吃自助早餐时，人们放到餐盘里的培根和熏肉，又全是黑胡椒当家。西方人喜欢的维纳格雷酸沙司经典款，黑胡椒是其中重要的成分。传说中国的麻辣火锅中，有人竟把整颗黑胡椒果实丢在里面……如果归纳一下，一定非常有趣。

当然，从食物的“色、香、味、形”上去观照，白胡椒与淡色的菜肴搭配比较允当，这就好比白醋的出现，完全是为了菜肴的色调。吃海鲜要配白葡萄酒，吃红肉要配红葡萄酒，是餐饮界约定俗成的规矩，似乎没有什么高深的理论根据，只是口味的经验积淀，甚至是遗传。高明的厨师是不肯在这上面表现得过于随意和轻率的。

有一点我们必须清楚（恐怕人们在无意识中正在实行着）：无论黑胡椒还是白胡椒，都不可用高温油炸。正常的使用，应该是在菜肴或汤羹要装盆时“挥洒”。过高的温度会使胡椒粉的风味丧失殆尽。

许多人对于土耳其的肉品之鲜嫩有着深刻印象。倘若你对此很感兴趣的话，当地大厨的解释会让你大吃一惊：“按摩。”是的，按摩。土耳其人通常在牛羊等肌肉最精瘦、最强健的部位，用盐、胡椒、核桃及奶酪杂糅后涂在肉品表面，然后用力进行按摩，再放入冰箱冷藏。如此反复三次或三次以上，时间跨度为一整天。那些肉品被作料们渗透、浸润、分解，变得十分柔软，烹调起来自然可口得很呢。其中，胡椒的作用是不可忽略的，它含有的挥发性精油成分，可以促进消化液分泌，有助于肉类和高蛋白食品的吸收；还有，胡椒气味芳香，令肉类的膻味由此减弱。

中国人不像西方人、东南亚人或中东人那样对胡椒多有依赖，所以，我们的影评人把好莱坞生活片里不时出现的床戏谓之“撒胡椒粉”，盖有“阳光普照”的意思。我不清楚这个词是从英语里翻译过来还是我们自己的发明，总之它非常形象生动地拈出了胡椒的特点：有节制的，带点刺激性的，可以调味的，可有可无的，均匀的……

非常有意思的是，胡椒粉在我小的时候，其地位绝对没有现在那么高，因为除了它，我们还有五香粉和鲜辣粉可以庖代。记得最初油酱店里卖出的胡椒粉是装在一个用报纸折成的小三角包里；后来变成用劣质纸包装的袋装粉剂；再后来是考究的利乐真空包装袋，乃至精致的瓶装货品。也怪，人心总是不满足，人们对于食材的新鲜、安全越来越重视。如今，主妇们非常热衷从菜市场门口的胡椒现磨摊位上直接购买，或者到南货店买来胡椒籽亲自研磨。这可以说是对生活质量有进一步要求的表现。至于在烤肉店里拿着一根“大棒”（胡椒研磨器）不停地摆弄，似乎更像是在表演。

陆放翁有“零落成泥碾作尘”的诗句，写的是梅花，其实套在胡椒上面也说得过去，但这并不重要，重要的是这首诗的“诗眼”不在这里，而在下面一句——“只有香如故”。我这篇文章的标题，可以说是卖了一个关子，意思却是清楚的。

有椒其馨

吃一口，
口腔顿时「麻木不仁」，
不辨甜酸苦辣，
像是被打了一针麻醉药，
本能的动作是张口大喘气，
希望借助新风缓解刺激，
然而这可是变本加厉的节奏啊——

一

中国古典名著《诗经》里头，有好几处写到“椒”，比如《陈风·东门之枌》里的“视尔如荍，贻我握椒”，《唐风·椒聊》里的“椒聊之实，蕃衍盈升”，《周颂·载芟》里的“有椒其馨，胡考之宁”，等等。

《诗经》时代，中外尚未交通，这里的“椒”，自然不会是胡椒。那么，这个“椒”，是什么东西呢？

胡椒是舶来品，这是没有疑问的。可是，我们中国也有自己的“胡椒”啊，当然，它不可能叫“胡椒”，外国人把它叫作中国胡椒、四川胡椒、日本胡椒、茴香胡椒、法咖拉（Fagara）……

按，Fagara翻回中文的意思有趣了：青花椒；此外有山花椒（辽宁），小花椒、王椒（安徽），香椒子

（湖南、四川），青椒、狗椒（四川），山甲、隔山消（广西），崖椒、天椒、野椒，等等。最妙的有一品种，叫玉秀。“玉秀”这个名字太好了，像是一个小姑娘的名字，不过可能还是一个四川小姑娘，外表温柔而内心强大。

什么中国胡椒、四川胡椒……其实，我们只须说“花椒”，就一切搞定了。

在外国人眼里，花椒被称为“四川胡椒”（Szechuan Pepper），学名则是“秦椒”（Zanthoxylum Bungeanum Maxim）。

一会儿“四川胡椒”，一会儿“秦椒”，在中国人眼里，蜀和秦，不同地，怎么能混同一气？

外国人是不分秦椒和蜀椒的，只认秦椒。他们才搞不清“秦”和“蜀”究竟是怎么回事呢！但中国人对于自家的东西不磕个死理儿，岂不是数典忘祖？

究竟如何看待？

应当说西方人的表述是准确的。

李时珍《本草纲目·果部·秦椒》中说：“秦椒，花椒也。始产于秦，今处处可种，最易蕃衍。其叶对生，尖而有刺。四月生细花，五月结实，生青熟红，大于蜀椒，其目亦不及蜀椒目光黑也。”

这句话提到了两个名词：秦椒和蜀椒。

这两种椒，是不是一回事呢？

秦，秦地也。秦在公元前三四百年的时候版图还很小，基本上在秦岭之陕西一带。秦兼并六国后，北击匈奴，南平百越，国土面积迅速扩大，疆域大致为东起辽东，西至甘肃、四川，北抵阴山，南达越南北部及中部一带，西南到云南、广西。如果秦椒之秦指的是秦亡前夕之“秦”，那范围可就大得不得了了。这不是杞忧。有《别录》云：“秦椒生泰山山谷及秦岭上，或琅琊。”言下之意，秦椒生到了山东一线。因此，我以为“秦椒”还是取狭义为妥，便是最初产于陕西及周边地区的花椒。

有人不免要说：我们只知道四川人吃花椒吃得厉害，很少听说陕西人喜欢吃花椒，所以，花椒跟四川的关系应当更紧密些，或者说，四川本身就产花椒——蜀椒。

这是不错的。蜀椒之谓，当可佐证。

问题是，四川的花椒又是从哪里来的呢？

《本草纲目》引《范子计然》云：“蜀椒出武都。”查中国历史地图，武都正是在秦的辖区之内。四川和陕西本来就很近，交通方便，物流通畅，小小花椒被移植至蜀中，没有什么可奇怪的，正如四川也不是辣椒的原产地。而且，按老古话所言，“橘生淮南则为橘，生于淮北则为枳”，即使花椒在形状和口味上发生点变异，也是正常现象，它的本质没有变化就行。

宋代药物学家寇宗奭有句话说得很明白：秦椒，“此秦地所产者，故言秦椒。大率椒株皆相似，但秦椒叶差大，粒亦大而纹低，不若蜀椒皱纹为异也。然秦地亦有蜀椒种”。按，我们据此也可以推测，蜀地也可能种秦椒的。

陆机在诠释《诗经·唐风》中的“椒聊之实，繁衍盈升”时指出：“椒树似茱萸，有针刺。茎叶坚而滑泽，味亦辛香。蜀人作茶，吴人作茗，皆以其叶合煮为香。今成皋诸山有竹叶椒，其木亦如蜀椒，小毒热，不中合药也，可入饮食中及蒸鸡、豚用。东海诸岛上亦有椒，枝、叶皆相似。子长而不圆，甚香，其味似橘皮。岛上獐、鹿食其叶，其肉自然作椒、橘香。今南北所生一种椒，其实大于蜀椒，与陶氏及郭、陆之说正相合，当以实大者为秦椒也。”（《毛诗疏义》）他的眼界最开阔。事实上，过分强调花椒的地域特质，意义并不是很大，假如味道比较一致的话。上海的青浦、松江、金山等地都出产优质大米，我们到食堂吃饭，从来不说“来碗青浦米”“来碗松江饭”，而只说“来碗饭”，就是这个道理。

为什么“花椒”的称呼那么流行？我比较了一下，虽然都呈干瘪形态，胡椒的外表是老太婆的，花椒的外表则是小姑娘的。如果你难以接受，我再用一个比喻来说事：胡椒就像已经过期了的荔枝，而花椒却像刚刚采撷下来的荔枝。这下直观了吧?

我估摸着“花椒”这个名字的由来,大概无非它的外表图案秀美,有一种开花的模样。这在胡椒身上是很难看到的。中国人给植物或动物乃至其他事物取名字,讲究名正言顺。是否准确难说,但至少要可感知、可意会。起“花椒”这个名字,各方面都照顾到了。

二

作为一种植物(注意,我在这里只说植物而不说香料,是因为花椒起初并非作为调料而为古人欣赏),花椒有很多用处。有一点可以肯定,花椒作为调味料,是一点一点被认识的。《诗经》里提到花椒的地方虽然不少,可是,似乎没有当作烹调作料的例证。花椒在那个时候是好东西,毋庸置疑,否则,古人哪里会称赞它有“贻我握椒”“蕃衍盈升”“胡考之宁”的好处?

和胡椒或其他香料一样,花椒本来重要的功能就是药材。这一点,中外竟然“英雄所见略同”,也是蛮有趣的。李时珍在《本草纲目》中举例说:“一妇年七十余，病泻五年，百药不效，予以感应丸五十丸投之，大便二日不行，再以平胃散加椒红、茴香、枣肉为丸与服，遂瘳。每因怒食举发，服之即止。此除湿消食，温脾补肾之验也。又《上清诀》云，凡人吃饭伤饱，觉气上冲，心胸痞闷者，以水吞生椒一二十颗即散，取其能通三焦，引正气，下恶气，消宿食也。”花椒的药理作用是不是很神奇？

我们小时候，学校每年要检查一次大便，让大家把排泄物放在火柴盒里拿到卫生老师那里化验，查出有蛔虫的同学要吃“宝塔糖”。虽说是“吃糖”，这可真是一桩让人难为情的事情。古代没有“宝塔糖”，吃花椒就行。李时珍引戴原礼的话说：“凡人呕吐，服药不纳者，必有蛔在膈间，蛔闻药则动，动则药出而蛔不出，但于呕吐药中加炒川椒十粒，盖蛔见椒则头伏也。观此，则张仲景治蛔厥，乌梅丸中用蜀椒，亦此义也。”据说现在的小孩子生蛔虫的很少，原因是他们平时吃的“药”太多了，虫子藏不住，其中食品里的“毒”对此“功不可没”。不知是开玩笑还是确有道理。

花椒的象征意义在中国古代被发挥得淋漓尽致。不是说花椒“椒聊之实，蕃衍盈升”“有椒其馨，胡考之宁”吗？这都是在说它传宗接代、延年益寿的能力很强。所以，古代中国人发明了“椒房”。

所谓椒房，自然和花椒有关。人们把住宅添上花椒元素，显然不是为了吃食，而是看中它保健养生和文化传导的功能。专门记载秦汉三辅的城池、宫观、陵庙、明堂、辟雍、郊畤等的地理名著《三辅黄图》中说，“以椒和泥涂，取其温面芬芳也”，意思是，把花椒掺在黏土里涂在墙上，可以让房间里充满芬芳。也有人说，房间里置放花椒，主要是取其“多籽”性状，来祈福女眷生育能力茁壮（《诗经》有“椒聊之实，蕃衍盈升”之句），和花椒没什么具体纠葛。还有一条甚为有趣，说是用花椒可以使房间温度升高以避寒。不知有何根据，但史书确有记载说，赵飞燕被纳入后宫后一直没有身孕，御医诊断后认为是风寒入里，宫冷不孕，建议用花椒涂壁，以提高室温使其气正。

然而，“椒房”这个名称，不是人皆可用，其专属权在皇室，平头百姓若称自己的住宅为“椒房”，那等于说自己住在皇宫里了，敢吗？

椒房始现于汉，传为皇后所住宫殿的名称。《汉书·车千秋传》曰：“江充先治甘泉宫人，转至未央椒房。”唐代的《汉书》专家颜师古称：“椒房，殿名，皇后所居也。”又，《汉书·董贤传》说：“又召贤女弟以为昭仪，位次皇后，更名其舍为椒风，以配椒房云。”也就是说，不是皇帝的妃嫔居所，是不配叫“椒房”的，更不要说其他女眷了。椒室、椒庭、椒台、椒殿等，看上去名称繁多，其实“椒”即“皇”的代名词，不可乱叫。

皇后为什么要住在“椒房”里？因为花椒的香味、花椒的象征意义、花椒的保健功能……

平民无福消受“椒房”，并不意味着他们就此远离花椒，与花椒毫无干系。

传说远古时代，在武都与文县接壤之地的一个小镇，居住着一对年轻夫妇，男的叫椒儿，勤快踏实，女的叫花秀，漂亮质朴。小两口形影不离，生活美满。有一年神农到此体察民情，提出要在老百姓家就餐，这使当地官员颇感为难：那可没有山珍海味来招待啊。无奈之下，他们安排神农在小两口家吃饭。花秀听说神农要来吃饭，高兴地说："这有什么可为难的，我做荞麦面摊饼，内卷炒青椒丝，煮小白菜、红萝卜汤，保证大家吃得高兴！”花秀很有把握地对椒儿说："去准备那个香料，定让大家吃了还想吃！”饭菜上桌，一股芳香醇麻气味扑鼻而来，神农放开大吃了起来。吃完饭后，神农表扬小两口："这菜烧得好，好吃极了！”然后又问："这么香，里面加的是什么？”小两口回答说："是宝树上的东西。”神农以尝百草而出名，但他却对这“宝树”陌生得很，于是发生兴趣，让小两口把自己带到山上去看“宝树”。在对“宝树”作了一番研究后，神农随手摘下一粒红红的果实品尝起来，一股麻麻的味道很快弥散开来，直冲喉咙。他又用凉水将果粒冲到肚里，不一会儿感觉脾胃发热、胃气上冲，不禁连连称赞道：“真是一棵宝树，它还是一种能治病的良药啊！”

神农临走时发布诏书：“把山上生长的‘宝树’用花秀和椒儿夫妇名字的第一字‘花’和‘椒’，命名为‘花椒’，俾使代代相传，为民造福。”

这样看来，劳动人民睡不了“椒房”，但直接吃上了花椒，自有那种“不足为外人道也”的喜感。

三

我没有进行过考证，似乎花椒该是中国的特产。

作为可以与胡椒比拼的花椒，在中国人手里玩得很转。胡椒适合于“马后炮”（下灶后用），花椒则适合于“未雨绸缪”（上灶前用）。就好比医疗，防治要比医治高明。不要小看了这个区别，它不光是胡椒和花椒的差异，更重要的是体现了中外烹饪理念的不同。据说原先老外以为中国菜是偏于清淡的一路，直到尝过“如火一般”的花椒，才改变看法，认为中国菜也是“重口味”的。

胡椒要“生吃”，炒好了食用，少见；而且，在烹饪当中把胡椒乱撒一气，是戆大行为，因为胡椒过分多地接触热量，气味便大为衰减（与芥末相似）。可是，我们也很少看见烧菜的人在烹饪当中或完结之后，撒一把花椒进行调味。我猜想，大概花椒需要火攻才能“逼”出香味的吧，像胡椒那样“冷艳”的面目，不足以发挥花椒应有的作用。

无论在南方还是北方，椒盐系列菜都大受欢迎。所谓椒盐，就是粉状花椒与细盐的混合体（当然也不排除有人把胡椒粉与盐花结合起来而叫作椒盐）。它是花椒和盐粒混合后在热锅上经短暂翻炒的产物，成品的标志是闻得到花椒和盐粒因受热而飘逸出的香气。北方有些地方喜欢先把花椒炒炸一番，然后碾碎，再与细盐掺和成椒盐，自无不可。

椒盐的基本用法有两种：一种是黏附在食材上，然后油炸或烘焙，比如椒盐排条、椒盐花生、避风塘虾、椒盐酥饼之类；还有一种是作为蘸料的形式出现，通常被放在一只小碟里，供食客蘸着吃，比如烤乳猪、椒盐薯条、干煎带鱼、油氽九肚鱼之类。

椒盐和胡椒外表相似,然而最不一样的地方是：用胡椒前，所有的成菜基本味道已定型，胡椒只是增加它的复合性；用椒盐前，所有的成菜基本味道可以忽略甚至无味，椒盐能够担当起基本味型，并且还具唯一性。比如，生炒胡椒虾，胡椒不是主宰者，此外当有橄榄油、蒜蓉、葱花、盐、糖、味精等都要参与；椒盐菜系没有那么复杂，单凭椒盐完全可以掌控全局。

以前，居民小区周边的路边摊，总会散发出一阵阵吊人胃口的菜香，也总有几个“经典菜”最受追捧，椒盐排条要算第一名。推测原因，不外乎表面看上去还算干净，另一个卖点就是香气十足。椒盐虽像胡椒，总体上比胡椒的气味来得更浓烈、更硬朗、更直接。

腌鱼腌肉，单纯用盐粒暴腌是不够的，在我们南方，一定要在鱼肉身上抹上一层（一遍）花椒粒才算到位，这在许多家庭主妇看来，一来可以解掉肉隔气（膻味）和鱼腥味，二来可以增加食材的香味。前提是，花椒一定要经热锅翻炒。干这活儿，有没有用胡椒来庖代的呢？好像没有听说过。

江南人家生活精打细算，再节俭，家里茴香、桂皮、花椒三样东西少不了。这一带人最受不住的是腥和膻，所以有备（花椒等香料）无患成了常态。每逢做红烧鸭块、红烧鸡块、红烧羊肉、红烧牛肉等，难免要放点花椒之类，有时竟成了无意识的习惯动作。一般认为，烹饪时缺盐少油什么的，可以到附近便利店购得，但缺少花椒等香料则无法烹饪，真正手足无措，懊恼不已。因为缺了它还真不行，立马获致又不可能，虽巧妇而无所作为也。

有人说四川人能吃辣，这话不假。其实四川人吃辣不算最厉害，他们吃的“麻”才叫笑傲江湖。麻辣，说起来就是花椒与辣椒的结盟。无论是麻婆豆腐、麻辣鸡丝，还是麻辣牛肚、麻辣烤鱼，都离不开“麻”。麻的“肇事者”，就是花椒。其中以水煮鱼最有代表。

一段时间以来，我们到川菜馆或其他不标明什么风味，甚至在“南方系”的餐馆吃饭，总喜欢点一道水煮鱼。水煮鱼者，看上去“水”得很，不带辣不带麻，却是真麻真辣。细究起来，真辣或许是夸张的说法，真麻才实诚，是要害。

一大锅水煮鱼里，辣椒没几个，倒是花椒密密麻麻地沉浮于锅内，它们才是最有“杀伤力”的主力部队。吃一口，口腔顿时“麻木不仁”，不辨甜酸苦辣，像是被打了一针麻醉药，本能的动作是张口大喘气，希望借助新风缓解刺激，然而这可是变本加厉的节奏啊——似乎麻木稍解的那一刻，你又会情不自禁地“请君入瓮”一次。这就是“过瘾”一词的真实反映。如此辗转反复，以至见底方休。吗啡摧毁人的意志，麻椒何尝不是？只不过麻辣的“靶心”更加集中，“态度”更为友好而已。

四川火锅里如果缺少了花椒，就算不得四川火锅。它不如水煮鱼在“麻”上做足了文章，自然相对温和一点。

揆度花椒之“麻”作的孽，那种像被电击一样的感觉究竟是怎么回事？美国加州大学伯克利分校的研究人员对12名吃货进行实验后证明，食者接触花椒时所产生的麻感，相当于50赫兹的震动，接受这种感觉的神经纤维是RA1纤维。结论是，花椒模拟了这种震动，这些震动会给人造成一种错觉，使人混淆了刺激源和与之对应的感觉。花椒并没有震动，但是我们会感觉到震动，说明花椒中的某种成分对感受机械震动的神经纤维造成了干扰，非常类似于腕骨神经综合征和糖尿病性神经病患者经历的麻感。

你说外国人多不多事？我们的花椒干吗要“模拟”？它本来就在自然界里“麻”并好好存在着的。如果哪一天，花椒的麻，被模拟或复制出来，就像薄荷糖模拟清凉气息，那对于懂经的吃货来说，真是一场灾难。

让你流泪
让你欢喜

把日式料理和芥末联系在一起，

是理所当然的，

因为它赋予芥末

令人最直接而深刻的体验。

除了绿芥末，

还没有其他品种的芥末

能够做得到这一点。

一

有个流传颇广的段子：

两个素不相识的人，来到某地，在同一个饭馆坐在同一个饭桌前分别等着上菜。

这时一个服务员拿来一个放调料的小碗儿，里面是一坨绿色的泥状东西。恰巧两人都不认识，却又都不好意思问对方这是啥玩意儿。终于，其中有个人（甲）禁不住好奇心发作，他想："既然人家送来的，一定是可以吃的东西，不妨来一口。"于是他找了个小勺儿，舀了一大勺儿，放进嘴里……

很快，只见他忍了一会儿，最后，眼泪还是止不住地下来了。

对面那位（乙）不明白怎么回事儿，就问："老哥，您怎么哭了?”

甲自知鲁莽无知，又不好意思说，就揣着明白装糊涂地说:“咳，没什么，我突然想起我那早死的父亲了。”

“哦。”乙道。

两人相安无事又坐了片刻。

可是，乙耐不住就想了:“他先吃了一口，现在我也得来一口尝尝，否则我不是吃亏了吗?”于是他也吃了一大勺儿，结果眼泪立刻就下来了，等他心里明白是怎么回事儿也晚了。

这回轮到甲反问他了:“您怎么也哭了?”

乙回答说:“我也想起你父亲的死来了。”

甲纳闷地问道:“我父亲死，让你想起什么来了?”

乙回答:“我在想啊，你父亲死的时候，怎么没把你也一块儿带走啊?”

要说这两人吃的是什么?你猜得一点不错——芥末。

当然，这个段子的可疑之处不少，比如哪家饭店你不招呼就送来芥末随便取用?很多日式料理店、自助餐厅都不带这么玩的，更不用说一般的社会餐厅。其次，这种芥末只有吃刺身时才会用到，倘若一个人只为垫饥，大可不必跑到相对高档的海鲜酒楼大快朵颐的，况且还是两个陌生人面对面坐着……

玩笑只当它是玩笑，一认真，你就输了。

不过，需要认真一下的是，虽然都叫芥末，其实大有讲究，有的品种根本没那么刺激，颜色也很多。绿色的芥末大致只是指日式料理中的那种。

我们不妨先把芥末的“户口簿”翻一下。

芥菜是什么菜？它是我国著名的特产蔬菜。通俗地说，我们平时吃的雪里蕻、榨菜、大头菜等便是。四川人叫菱角菜、羊角儿菜；江苏人叫雪菜；广东人叫金丝菜、银丝菜；云南人叫大头菜；等等。而雪里蕻，是指吃它的叶；榨菜，是指吃它的茎；大头菜，是指吃它的根。

那么，既然芥菜如此可感可观，为什么古籍当中都是把它当作“微小”的代名词呢？比如，有个成语叫“胸无芥蒂”（苏轼《松路都曹》：“恨无乖崖老，一洗芥蒂胸。”）；又如“似寻针芥”（《聊斋志异·促织》）；再如《庄子·逍遥游》：“覆杯水于坳堂之上，则芥为之舟，置杯焉则胶，水浅而舟大也。”最有意思的是《维摩经不可思议品》：“若菩萨住是解脱者，以须弥之高广，内芥子中，无所增减。”及它的发挥：“师教中尤言，须弥纳芥子，芥子纳须弥。须弥纳芥子时人不疑，芥子纳须弥莫成妄语不？”（《祖堂集·归宗和尚》）须弥，是古代印度佛经当中提到的一座圣山，高约一百六十万千米；芥子，芥菜的种子，形态极小。

这是两个成反比例关系的物质，形成了鲜明的对照。

从字面上看，芥末的意思是指芥菜籽的末——末屑，也就是芥菜的籽（已经够小了）磨成的粉（更小了）。

至于古人为什么看中芥子而不是芝麻来影射“小”的概念，我实在想不出理由来。

会不会因为芥子出现在芝麻之前（据考，芝麻是汉代才从丝绸之路引进）？

这里必须说一下的是，通常我们看到的绿色芥末只是芥末大家庭中的一个成员，除此之外，还有黄芥末、棕芥末、黑芥末、白芥末乃至红芥末等。我国的资料里不大提棕芥末，西方的书里则不提黄芥末，而有的地方显示出的白芥末有点黄。它们是同一样东西吗？

毫无疑问，日本的绿芥末和我国的黄芥末及西方的棕芥末，不光在颜色上有区别，更重要的是绿芥末和黄芥末或棕芥末，根本是两种不同的东西，虽然它们的名字都叫芥末。

从植物分类学的角度看，黄芥末是十字花科芸薹属，而绿芥末则是十字花科山葵属，两者不是“同胞兄弟”，不过是沾亲带故的“表亲”。黄芥末是由种子碾磨而成的粉剂，而绿芥末则是由山葵根削磨成细泥状的物品（据说从前是在粗糙的猪皮上研磨）。黄芥末口感柔和，微有辛辣，可用于烹饪调味的地方很多，有人甚至抹在馒头上吃，最直观的是宜家卖的热狗里就镶嵌着一条黄色的芥末（也许它并非用的芥菜籽，而是用一种叫辣根的植物的籽研磨而成。按，辣根，又称西洋山葵、西洋山嵛菜，价格便宜，我国于20世纪二三十年代引进），好像也没人觉得刺激得下不了口；而绿芥末的味道就很冲、很辣，食客一不当心就被搞得"涕泗俱下"，一般仅限于日式料理采用，尤其是吃刺身的时候。

二

把日式料理和芥末联系在一起，是理所当然的，因为它赋予芥末令人最直接而深刻的体验。除了绿芥末，还没有其他品种的芥末能够做得到这一点。这就好比唱歌，有的原唱并不一定就是人们认可的版本，谁把一首歌唱红，谁才是"定本"。

然而，把绿芥末看作芥末的"唯一"或"原始"，却是于"法"无据的。

至少在中国，所谓芥末的东西很早就被吃上了，比如在上古的周代。汉代大儒董仲舒《春秋繁露》里提道:“天地之行，芥苦味也。”《礼记》内侧篇曰:“脍，春用葱，秋用芥。”南北朝时期贾思勰的《齐民要术》、宋代罗愿的《尔雅翼》等古籍，都对芥末有过描述。当然，最为翔实的，还数李时珍的《本草纲目》，它说:“芥有数种。青芥，又名刺芥，似白菘，有柔毛。有大芥，亦名皱叶芥，大叶皱纹，色尤深绿，味更辛辣。二芥宜入药用。有马芥，叶如青芥。有花芥，叶多缺刻，如萝卜英。有紫芥，茎叶皆紫如苏。有石芥，低小。皆以八九月下种。冬月食者，俗呼腊菜；春月食者，俗呼春菜；四月食者，谓之夏芥。芥心嫩苔，谓之芥蓝，瀹食脆美。其花三月开，黄色四出。结荚一二寸。子大如苏子，而色紫味辛，研末泡过为芥酱，以侑肉食，辛香可爱。《岭南异物志》云：南土芥高五六尺，子大如鸡子。此又芥之异者也。”其中最可注意的是介绍了芥酱的加工方法。

芥酱，即我们现在所称的芥末酱。这是古今都能接受的芥末深加工产品。除了做酱，有没有把芥菜籽磨成粉末后像胡椒粉那样使用的？可惜，我还没有看到类似的记载。李时珍“研末泡过为芥酱”，短短一句话，却蕴含了一种工艺流程。贾思勰解释说:“作芥酱法：熟捣芥子，细筛取屑，着瓯里，蟹眼汤洗之，澄去上清后洗之，如此三过而去其苦，微火上搅之，少熇，覆瓯瓦上，以灰围瓯边，一宿即成。以薄酢解，厚薄任意。”做芥酱的基本情况被勾勒得一清二楚。以中国黄芥末酱为例，目前，它是由芥末粉发制后再加入植物油、白糖、味精、精盐等调配而成的。

而日本的芥末制作方式与中国的完全不同，是可以肯定的。

日本的许多物产，其故乡都在中土，然而，貌似舶来的芥末，大概是日本的土产。它之所以在日本流行，与当地人的饮食习惯（喜食鱼生）大有关系。通常日本芥末被认为具有调味和解毒作用。调味作用是毫无疑义的，解毒也应是题中之义，但我们必须知道的是，日本芥末的一个卖点，是含有丰富的异硫氰酸盐，这种物质可以抑制微生物的生长。只是，如果海鲜的品质已经变坏，拿日本芥末来补救是无济于事的，食之无益。按我的理解，绿芥末只保（保鲜）不治（解毒）。

日本芥末给人的印象，似乎在日式料理店里无所不在，实际上这里头“埋”有许多“地雷”。传说山葵喜欢生长在山谷河流边上，对水质要求很高，水质越清越冷，它就长得越发茁壮。日本有个地方叫净帘之泷，以瀑布取胜，盛产山葵。似乎是由于种植山葵会破坏生态环境（山葵栽培需要鸡粪等肥料及长期流动的水，弄不好会对河流构成严重污染，加上山葵对于地力的消耗很大），它被限制种植也可想象。这样就造成了供应紧张，卖得很贵。一般一个山葵茎部要卖到700日元，最贵的山葵根茎在日本拍卖，成交价1万日元（约合人民币600元），一般人根本吃不起。到日本料理店，服务生殷勤地拿来几个小碟，里面放着一大坨绿色的芥末，可以肯定的是，这种芥末不是山葵做的，而是它的替代品——绝大部分是用价格相对低廉的辣根充当的。至于那股冲鼻的味道，则是用化学品调制出来的。这一招骗过了几乎所有的食客，使他们相信正宗的芥末就是这样的。不幸的是，如果我们知道了内情而要去交涉时，对方一句话就可以把你打发了："我们提供的可是芥末而不是山葵哦，你不是嚷着要上芥末吗？"

相当部分喜欢日式料理的人，拿到山葵经研磨后的芥末，会用酱油去泡，然后搅开。殊不知这并不是好的方法。山葵（芥末）遇到酱油，会失去原有的风味。深谙此道的美食家绝不会这么鲁莽，一般都先抹一点儿绿芥末在生鱼片上，然后再蘸酱油吃，以最大限度地保留日式料理的正宗吃法。

你会是这样的吗？我肯定你不是。因为你压根儿不懂这里头的关系，更多的是人云亦云，依样画葫芦而已。当然，这也没有什么可以让人说事和讥弹的。

三

一般认为，中国出产的黄芥末被引入了日本，可是，日本人喜欢的却是本土的绿芥末，这使我怀疑此说的可靠性。就算黄芥末确曾“被引入”，可它最终没能成为日式料理的主流产品，至少说明它的“水土不服”。

我们自认为芥末是咱老祖宗就有的东西，两千多年前出现在餐桌上就可证明。可是西方学术界并不这么看。由于芥末栽种的历史过于悠久，几乎无法考证出哪里是芥末的原产地，他们认为极有可能起源于地中海，古代时芥菜被欧洲人大量用来喂马就是一个证据。

中西交通，汉朝是一个里程碑。如果那时芥末传入中国的话，在这之前，中国的典籍里出现芥末又怎么理解？如果中国的芥末通过丝绸之路传到了西亚和欧洲，这点小意思的传输途径都搞不明白，西方学术界也太不够分量了。因此，我想，有些东西可能是共生的，比如西方人要吃盐，东方人也要吃盐，大家会“不约而同”地关注，中间可以没有交流的过程。芥末算吗？

在欧洲中世纪，芥末是普通老百姓能买得起的唯一香料。有意思的是，最初的时候，地道的芥末常常与葡萄汁（Must，来源于拉丁语Mustum）合作，这也是芥末的英文写作Mustard的缘由。大概欧洲人非常好这一口，所以，他们推崇芥末的情绪溢于“言”表。西方宗教典籍里有一句话：“天堂是个美妙的地方。”英文作：The kingdom of heaven is like to a grain of mustard seed。其他一些和Mustard相关联的词组，也或多或少传达出“正面”的意思，如：“对……非常着迷”（as keen as mustard），“起了举足轻重的作用”（cutting the mustard），等等，十分有趣。而在我国，芥末给人的直观印象就是辛辣，甚至只是“冲鼻”（可能仅仅是受绿芥末，即瓦沙比的影响）。

有的资料说，芥末粉碰到热的液体，刺激的气味就会减少乃至消失，我想这应当是指黄芥末。可是，在生活中我们接触到芥末粉的机会很少，这个实验基本泡汤。实际上，在制作芥末酱的过程中，芥末需要经过加温至80摄氏度左右甚至加入沸水后才能调制。如果改成以绿芥末为研究对象，多半也不会成功，因为这样有违常理。

据说，在好的日式料理店，服务生就站在客人身边现磨绿芥末，主要是担心它接触空气的时间过长，味道会变差。考究的寿司，绿芥末往往被夹在生鱼片与饭粒之间，再蘸酱油吃（兴许亦有避免让芥末直接碰到酱油的考虑），也有这个意思。

很多人对于芥末的认识仅限于在吃日式料理的时候，而且大致作为蘸食调料接触到的。作为一种调料，尤其是品种众多的调料，芥末的用途比我们想象的要丰富得多。以日式料理常用的绿芥末为例，可以作为腌制咸菜的作料，日式荞麦凉面佐以加了绿芥末的特制汤汁被认为是绝配，加一点在泡饭中风味更加独特，凉拌面里加绿芥末可以提味，也有人甚至在色拉酱里掺绿芥末，要的就是一股呛劲……我还十分喜欢超市里卖的“芥末小生”，它和鱼皮花生完全异趣。由于它由绿芥末包裹，能够有效地阻止我们贪婪地大肆咀嚼吞咽的可能，而只限一粒一粒地品尝。有时吃得急了点，小小一粒花生，照样让你涕泗横流。但它给我们带来越吃越想吃、欲罢不能的冲动，过程相当享受。市场上还有一种薯片，味道是绿芥末型的，要比一般的清香爽口。

中华料理当中没有吃绿芥末的传统。准确地说，我们大都甚至不吃黄芥末的粉状物（仿若胡椒粉），传统就是吃由黄芥末泼制的芥末酱。黄芥末酱比起绿芥末来，辛辣程度不可同日而语，相当温和，所以它经常被用在芥末鸭掌、芥末酱蛋、芥末肚丝、芥末黄瓜、芥末白菜墩等上面。不难发现，芥末酱最佳的使用场合是凉拌菜。黄芥末酱虽然也有自己的性格，比如微辛微辣，但刺激性不强，几乎所有人都能接受，把它当作千岛酱来用也不唐突。

欧洲人运用芥末同样得心应手，除了作为酱料（沙司）里的调味品（法国沙拉酱一定会加入芥末调味），粉末状的芥末常被用到冷餐肉和干酪上，滋味当然不同于黑胡椒，是一种老外喜欢的“怪味”。含有芥末的沙司是吃通心面和干酪煎花菜的理想拍档。中国人很少吃这些玩意儿，所以不大能够体会。在欧洲，有的地方的人甚至用一颗颗完整的芥末籽用于烹饪咖喱炒饭或腌制品，口味明显重了我们很多。法式芥末酱的口味因其添加了香料如蜂蜜、葡萄酒、水果等而有所不同，有细滑膏状与带籽粗末状两种，适合搭配芥末酱沙拉，在牛排、猪脚、烤肉、香肠等上运用。法式芥末酱还有辣与不辣带酸味两大类，一百多种。

不管是绿芥末还是黄芥末乃至辣根，比起日本人和欧洲人的口味，我们只能算是中不溜秋，这也符合我们的生活理念：中庸。

这就是文化传统的力量。

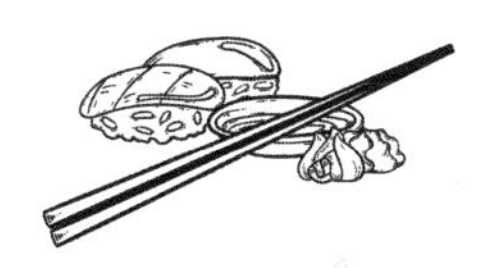

悠悠咖喱事

咖喱要么不出面，
出面，就一定
「满城尽带黄金甲」，
「江山」为之变色。
因此，
以咖喱为前缀的菜肴，
比比皆是。

一

除了糖盐酱醋味精，我家厨房另有两样调味品是常备的，即胡椒粉和咖喱粉。

胡椒粉是“移民”，由姓“胡”而可知。用途广，频率高，大多为点缀，故胡乱撒放，基本不搅菜水大局。坊间所谓“撒胡椒粉”，乃是喻其细小、微调、小刺激。从前加薪，普调一级，叫“撒胡椒粉”；又，好莱坞谓影片中穿插床戏名为“撒胡椒粉”，正得其髓。而咖喱则无此妖媚，要么不出面，出面就一定“满城尽带黄金甲”，“江山”为之变色。因此，以咖喱为前缀的菜肴，比比皆是，数量之多，远甚于胡椒。

咖喱虽是国人熟识的调味品，然而身份却是“中籍印裔”。像咖喱这种看字面而不能解其意的联绵词，大抵为舶来之物，比如咖啡、枇杷、琵琶、玻璃、葡萄之类。我们与咖喱交情不浅，但知之甚少，对它的基本成分更是茫然。查吾国权威图书，也是语焉不详，只知其为英文Curry之音转，是用胡椒、姜黄、茴香等合成的调味品。《大英百科全书》“咖喱”条疏曰：“传统的印度混合调味粉，并指具有这种风味的菜肴。咖喱的基本成分包括赋予其特有的黄色的姜黄以及欧莳萝、芫荽和辣椒；其他成分有众香子、肉桂、小豆蔻、丁香、小茴香、葫芦巴、姜、豆蔻衣、芥末及黑白胡椒粉等，用于羹汤和酱汁调味。”这就清楚多了——咖喱原来是“调料联合国”，或可时髦一些，可称之为“调味品集中营”。

难道中土就没有这等调料？

是，但也不尽然。须知世界上的物种分布是均衡的，有的看上去稀缺，其实蕴含着更丰富的其他资源，只不过深藏不露、不为人所知而已。比如中东土地贫瘠，却有巨量石油可供弥缝。中国人引以为豪的酱和醋，在域外似乎没有缺少名分（其实国外也有很好的醋和酱，不普及而已），但人家有辣酱油，庶几可以庖代了。同样，咖喱虽曰舶来，吾国倒亦有可以和它相提并论者——五香粉。

不过话要说回来，咖喱毕竟和五香粉不同，否则咖喱就没有引进的必要了。

咖喱在其祖国印度，光品种就有一二百种，更不要说衍生品了。据说，印度家庭配制的咖喱粉，常根据菜肴特点调整原料成分和配比，有时用水或醋调成糊状。自古咖喱就是南亚的主要调料，在没有冷冻设施的地区，咖喱还充当了防腐剂和保藏剂。印度南部的素菜咖喱最辣，含有大量辣椒；北部较为柔和，用以调味羊肉和禽肉。咖喱的门派之多，可想而知。

咖喱在吾国，更具体点讲在上海，现在有着尊贵的地位。上海的印度菜馆、泰国菜馆以及标榜东南亚风味的菜馆，无不以咖喱作为招牌，且价格不菲，因此吓退了一些同胞。其实在咖喱的故乡，它是最平民的。你也许注意到了，印度的咖喱饭菜多呈糊状，为什么？原来印度人习惯于用手抓饭，因为他们觉得那样的食物没有异味，这就使得印度菜大部分为糊状，便于用手抓饼或米饭拌着吃。以如此面目示人，想必也够平民的了。也因此，咖喱很快为吾国人民接受。

我对咖喱无所好，但也不觉面目可憎，盖因其有一种很特别的“幽默”。所谓“幽默”，就是有些不正经、不严肃、无厘头、无准头……具体说，与辣椒的刚烈相比，它显得温润；与胡椒的细腻相比，它又不乏坚忍。它随遇而安，却常常于不经意中出尽风头，故颇有人缘。

若以味道影射人的性情，以甜、辣、酸、苦为最，棱角分明，色调单纯，一目了然。接下来就轮到咖喱了。它的包容性最大，但味觉边际最不确定，喜剧色彩丰富，故为娱乐界看中。在港片《咖喱辣椒》中，张学友饰演的咖喱、周星驰饰演的辣椒和柏安妮饰演的电视台记者祖儿，搞出了一段三角恋情，爆出许多的笑料。想想导演也真是英明，选张学友这张皮笑肉不笑、贼忒兮兮的面孔做“咖喱”，绝了，正符合咖喱的特征。而在网络游戏中，以咖喱为名的所谓招数，一定会令江湖中人为之瞠目结舌：什么咖喱软剑、咖喱镖、咖喱银针、咖喱飞刀、咖喱金钟罩、咖喱迷魂术、咖喱落雷、咖喱地震、咖喱昏迷晕眩迷惑催眠术，连打狗棒也冠以“咖喱”……

咖喱到了这个份上，也淘成了咖喱糨糊，颇能“咖喱”倒一批人了。

二

据报道，2008年3月1日，印度新德里60名厨师集体制作出了一份重达13吨的印度比尔亚尼菜咖喱饭。

这是目前世界上最大的咖喱饭。制作咖喱饭的锅，是一个高达4.87米的不锈钢巨型钢锅。工作人员动用3辆起重机吊来3 000千克大米，运来了85千克红辣椒粉、1 200升食用油以及3 650千克蔬菜。厨师向锅内投入了86千克食用盐、注入了6 000升水和10千克的调味品和香辛料。为防止食物被烧糊，厨师们站在炉子边用像桨一样的木棒不断搅拌。

先前就听说意大利人做出了世界上最大的比萨，美国人则做出了世界上最大的汉堡，至于巧克力之王、蛋糕之王、寿司之王、火腿肠之王等，更是“江山代有才人出”，纪录被不断刷新。不难发现，凡是矢志要做“最大”的食品，往往总是以当事者所在国之典型食品为对象，好像非如此“做大”无以显示“国粹”。我不知道中国是否有人在策划做一只世界最大的烤鸭，若有，则不知有多少只活鸭要遭“涂炭”，多少袋面粉要被糟蹋！

我们承认印度是“咖喱故乡”，但并不认为只有印度独擅胜场。世界上公认的咖喱烹饪大国，除印度外，至少还有日本和泰国。

看过一位食客描摹自己吃咖喱菜的情景：“牛腩是咖啡色的，羊肉是黄色的，而鸡块竟然是绿色的。我右手拇指和食指一抓，直接送入嘴中！舌感顿时来了——全是咖喱味。先是鲜、香、浓、美，渐渐地开始麻木了，骨盆也像调色板一样，一抹红、一抹绿。我不停地叫小姐帮我换骨盆，即便没有骨头也换，因为舌感实在有些‘错乱’了。最后我‘投降’了，舌头嘘个不停……”

我无法判断这位食客吃到的是哪一路的咖喱，从辣的程度而言，应该是在印度餐厅；从色彩上看，当是泰式。我怀疑这家咖喱料理店善于杂糅，如是，就一定得了解周详。须知虽曰咖喱，印、泰、日，以及新（新加坡）、马（马来西亚）乃至中国，味道相差甚远。即便同一个餐厅，比如有名的蕉叶咖喱屋，也是“多国部队”齐吹集结号。

上溯四五十年，咖喱在上海的风头比现在要劲，大致可分成泾渭分明的两路：一是平民的，如咖喱牛肉汤、咖喱土豆、咖喱饺子等，这些东西在家里或低档的食肆，很容易寻味；一是贵族的，如咖喱鸡、咖喱牛腩、咖喱炒饭等，这些东西一般只在西餐店里才现真身。有趣的是，从前与咖喱有染的菜肴，好像都沾了点洋气，无论在视觉还是口味上，都显示出那种“高人一等”的气派。

如果你已五六十岁或更老，就一定记得我们在困难时期对于咖喱的依赖。

那时，物质匮乏是全民性的，菜肴的高下取决于烹调而非食材。普通人家常备的调味品很少，比如色拉油、辣酱油、蚝油之类多数缺门，原因是用不上。不过，咖喱粉却是无家不备，原因：用作佐料，可使成菜更能下饭。比如土豆，切块或切片，下锅一炒一煮，味同嚼蜡，若加咖喱，情况大有改观：这道菜除了具有咖喱特有的辛香外，还使人隐约产生朦胧的肉味，吃饭的进取心大增。还有一种是极负盛名的“咖喱牛肉汤”。说来年轻人也许不信，当时能够间或吃到牛肉的人相当少，除非你是回族人；退一步讲，即使你有办法弄到牛肉，也会犹疑不决：买，还是不买？须知牛肉相比猪肉价格昂贵，更让人难以接受的是，牛肉烧煮后体积大为缩水，相对猪肉，“瘦身”过度，一家老小，给谁吃都不爽，刚够嵌牙缝！所以，一般情况下，精明之家绝不舍猪取牛。那么，这“咖喱牛肉汤”又从何而来？简单。烧一锅开水，倒入卷心菜、土豆之类，煮到十二分熟，放入咖喱粉，搅匀即成。或问：牛肉何在？答曰：自己找！老实说，吃这“咖喱牛肉汤”的全部魅力在于：失望中蕴含希望，希望中萌生失望。这是餐饮史上最具“柏拉图式”的心灵碰撞。但不管怎么苦怎么涩，是咖喱，让我们体面地度过最困难的岁月。

咖喱靠色、香、味来影响和调节食材本味，凡是与之有所勾搭，无不被其“腐蚀”。我平时对于此君大多敬而远之，盖因脑子老是回荡着帮我家做装修的老师傅的一句话:“好的木料做清水，只有差的木料才做浑水。”莫非用咖喱就像是在“做浑水”?

我晕!

吃甜与吃咸

虽说「南甜北咸」
成了食客的「心理定势」，
但实际上也是笼而统之，
断不可「只见森林，不见树木」，
尤其在今日
物流通畅的情况下，
各地菜肴相互渗透、影响已成常态。

一

甜的反面是苦，所谓忆苦思甜、苦尽甘来、先苦后甜等，说的都是苦与甜的辩证转换。但这事若搁在餐饮上，就对应不起来，甜的“敌手”当是咸，而咸的“克星”便是甜。

从前有“南甜北咸”的说法，具体说，是南人的口味偏于甜，而北人的口味偏于咸。存在决定意识，南人的甜和北人的咸都不是天生的，这和他们所处的地缘环境有莫大的关系。

相对于北方，南方的气候条件比较温润，物产丰富，食物又不易贮藏，现做现吃显得很重要。但这种做法有个前提，就是要清淡一些，以便下饭，不留剩菜。北地生活环境相对艰苦，出产较俭，食物中咸味加重，有利于以最小的投入（菜肴），获得最大的收益（饭量）。当然，这种判断更像是为便于我个人的猜测而设。

北方人之所以吃得咸，恐怕还因为他们的菜肴做得比较粗犷。块头大，淡不拉叽的一定不好吃。如果加糖，糖的附着面积肯定大，就变成了“糖糕”“糖饼”，让人怎么下咽？于是走向甜的反面——咸。北方菜单位面积大，非得浓油赤酱方能使滋味深入其里。于是，“北咸”顺理成章了。

和北方人不太一样的是，南方人普遍喜欢吃零食以消闲，而零食往往以甜味居多。南方人长期受甜品滋养，其饮食习惯趋于吃甜也就不奇怪了。北方人的零食终究不如南方的细巧繁杂，且果腹的意味浓厚，滋味当然要偏咸一点，完全可以理解。

中国的南方，地域面积极其辽阔。但所谓“南甜”，主要还是以苏锡菜为集大成者。“南甜”究竟甜到什么程度？各人的体会也许不同。我的直觉是，不咸；也就是说，吃到嘴里，基本上没有刺激人的咸味，相反，总有一种淡淡的甜味回环萦绕。比方说，松鼠鳜鱼，苏州名菜，而且是大菜。照理大菜一般不会甜的，甜品只有在点心和小菜中产生，可是那道松鼠鳜鱼从来就是甜的！不仅在苏锡常，即便在上海及杭嘉湖一带，它依然是甜的。如果有一天，松鼠鳜鱼被烧成咸味十足，那就得另取名字了。

昆剧泰斗俞振飞先生，年轻时在天蟾舞台演出，隔壁有家印度人开的咖喱鸡饭店，他常去光顾。店里有不少调料，俞老发现在咖喱鸡饭中掺入甜料最好吃，从此，这种独特的口味一直在他的记忆深处积淀下来，以致晚年俞振飞吃蛋炒饭时还要拌果酱。真是泡在了糖水里。

看来，味觉记忆对于一个人的饮食生活影响巨大。喜欢吃甜的人，一定在童年时就与糖订交了。

台湾人也可看作中国人中的南人，只不过这个“南”，和我们概念中的“南”，不是最贴。它被海包围，可以想象它应该趋咸。奇怪的是，台南人居然唯甜是爱，连鳝鱼面、虱目汤之类都是甜的！

在上海吃宴席，少不了一道甜羹或甜点，比如酒酿圆子、南瓜饼之类，这在北方绝少。这些年上海又风行冷菜当中加一味蜜汁红枣莲子或蜜汁糖藕。显然，店家乃是投其所好。“其”，就是上海及周边的居民。这大概可以证明上海菜确实属于“南甜”系统的。

说出来你可能感同身受，到过无锡的人，一定会对当地特产小笼馒头和肉骨头发生兴趣，太有名了。但要做好必要的思想准备，那就是：这两样东西都不是你想象的那样有种鲜美的咸味，而是甜的！

上海菜，虽然不如苏锡常那样甜腻，但与甜字倒也有七八分的亲近。本地的糖醋系列都是甜字当头，其他如炒鳝糊等，都是只有放了够量的糖才能“过门”，否则食客准定要叫“咸”，筷头变得迟钝起来。

事情总不能一概而论。同处江南，宁绍地区竟是偏咸的，宁波菜甚至以咸驰名，成为一个流派。这又是为何？我想，也许那里多近海。靠海吃海，宁绍趋咸，自有道理。

可是，台湾濒海，却不嗜咸，莫非那里种的都是甘蔗？

北京菜，无论如何应该算是“北咸”之流。从前我到北京，吃的饭都不很乐胃，原因是粗，更兼咸。随着这个城市开放度的日趋加强，外地，尤其是南方菜系的渗透不可小觑，餐饮上的杂糅和混搭风格愈加明显。前几年进京，在正阳楼用膳，点一道京酱肉丝，这可是特色菜啊，哪知一派“南甜”。虽然歪打正着吃得欢，但对于京菜特点的变调，倒颇有几分惆怅呢。

二

虽说“南甜北咸”成了食客的“心理定势”，但实际上也是笼而统之，断不可“只见森林，不见树木”，尤其在今日物流通畅的情况下，各地菜肴相互渗透、影响已成常态。

比方北菜的代表鲁菜，其特点便是咸。袁枚《随园食单》谓："滚油爆炒，加料起锅，以极脆为佳。此北人法也。"鲁菜名品"爆双脆""爆肚头""爆鸡丁"等都采用爆炒技法。光绪年间，济南九华楼创制"九转大肠"，使红烧的境界达到新的高度。爆炒之法，为"北咸"定下了基调。

新、藏、蒙三地的菜，我都有所领教，印象是：咸蔬淡肉。肉淡无足畏，自有椒盐来补。陕、甘、宁一带的菜肴比起新、藏、蒙来得精细，但就味道而言，还是咸，估计是酱放得多之故。

再说东北菜，依传统风格，绝对偏咸。也真是奇了怪了，恰恰人家除了小鸡炖蘑菇外，还有一道名菜——拔丝苹果，够甜。更有甚者，好几年前，我去过一家叫小北国的东北菜馆，吃到一道不知是算大菜呢还是点心的东西——雪衣豆沙，据说是传统的东北菜，做法是：将蛋清打至发泡，以往里竖一根筷子而不倒为限，把成团的豆沙馅在蛋泡中滚裹，下油锅炸，外形呈膨胀的棉絮状后捞起，蘸砂糖吃。贼甜，比拔丝苹果好吃，为看家菜，甜得让人看不懂。

其实，看不懂的，不胜枚举。照例北方人好咸，可北京蜜饯基本上都是大块头的果脯，甜得要命。萨其马是上海人熟悉的零食，追根溯源的话，此物原是一种东北的点心，主料是面粉、奶油和白糖，标准甜品。想不到吧，盛产饽饽、窝头的北方，还有这样精致的甜点。

回看上海。倘说苏锡常是南甜之“祭酒”，那么，上海只配做“殿军”。上海人吃甜根深蒂固。在上海点心当中，有咸的，大抵总有对应的甜。有一种叫巧果的零食，上海人就把它做成甜、咸两种；还有一种小麻花，也是甜、咸均沾；许多人尝过的“耳朵饼”，甜、咸各得其所；包子，肉包、菜包之外，当然要有豆沙的和黑洋酥的。最滑稽的是，很多时候，像菜包子，理应被做成咸的，不幸的是，上海最负盛名的绿杨邨菜包子，就是甜咪咪，真是让人难以琢磨和把握。

我小的时候，有一次看母亲炒青菜。即将收官，只见她在放了几勺盐之后，顺手就是一小撮糖撒向锅内。我以为她操作失误，疑惑了好一阵。母亲对我解释说，放点糖，青菜就会变得爽口。我牢记了母亲的教诲，以至现在，只要炒青菜，一定下意识地放点糖。其实，放糖究竟对于青菜的滋味起了怎样推波助澜的好处，过去很长一段时间里我都茫然无知，纯属盲从。如果说“口味遗传”，其“遗传因子”首先不在生理而在心理。

有两样冬令补品，老上海人不会陌生，一是冰糖蹄髈，一是白糖芝麻。那种甜，相信一般的北方人吃不消。或许在北方人的眼里，这架势敢情是在喂糖吃呢！

扬州一带，有道名菜，叫冰糖煨猪头，听上去比冰糖蹄髈更过分，据说色如琥珀，嫩若豆腐，酥而不腻，烂而不糜。只是，那么好的菜，嗜咸的人是无福消受的。

可是，上海人倒也不废咸味。虽然不像宁波人唯咸是瞻，但咸鲞、咸菜、咸肉等也已成常馔。有趣的是，上海喜欢吃的零食，却大都偏咸，连葡萄干、杨梅等趋甜的果肉都被加工成“盐津型”了，遑论橄榄、桃肉、橘皮之类味道中性的蜜饯，理所当然地成了死咸的零食了。这一点，正好和北京的异趣。

在广东菜里，很咸很咸的菜基本不见。难以想象，吃他们的深井烧鹅，给出的作料，竟是一种甜辣（酸？）酱（北京烤鸭蘸的居然也是甜味酱）。可是，盐焗的烹饪方法，竟然是广东人的发明。焗是一种进行密闭式加热，促使食材自身水分汽化从而致熟的烧法。盐焗，当然是以盐为主料焗制。盐焗后的鸡，皮色金黄，香气浓郁，确实诱人，然其咸亦可知矣。寒舍附近有一标榜加州盐焗鸡的店家，每天顾客盈门。吃过之后，难免口干舌燥，提起茶壶牛饮一通方才解渴。可知，南人也不是一味求甜的。

“南甜北咸”，大体如此，要想左右逢源，不光要动鼻（闻）动嘴（问），还得动脑（想）。有点吃力哦。

图书在版编目（CIP）数据

吃香喝辣/西坡著.—上海：上海教育出版社，
2019.9
ISBN 978-7-5444-9273-7

Ⅰ.①吃… Ⅱ.①西… Ⅲ.①饮食–文化–中国
Ⅳ.①TS971.2

中国版本图书馆CIP数据核字（2019）第162786号

策　　划　陈海亮
责任编辑　林凡凡
封面设计　麦　子

吃香喝辣　Chixiang Hela
西坡　著

出版发行　上海教育出版社有限公司
官　　网　www.seph.com.cn
地　　址　上海永福路123号
邮　　编　200031
印　　刷　上海叶大印务发展有限公司
开　　本　889×1194　1/32　印张　6.75
字　　数　115千字
版　　次　2019年10月第1版
印　　次　2019年10月第1次印刷
书　　号　ISBN 978-7-5444-9273-7/I·0149
定　　价　35.00元

如发现质量问题，读者可向本社调换　电话：021-64377165